Markus I. Reinke

**30 Minuten**

# Neukunden-Gewinnung

Bibliografische Information der Deutschen Nationalbibliothek

Die deutsche Nationalbibliothek verzeichnet diese Publikation in der Deutschen Nationalbibliografie; detaillierte bibliografische Daten sind im Internet über http://dnb.d-nb.de abrufbar.

Umschlaggestaltung: die imprimatur, Hainburg
Umschlagkonzept: Martin Zech Design, Bremen
Lektorat: Dr. Sandra Krebs, Offenbach
Satz: Zerosoft, Timisoara (Rumänien)
Druck und Verarbeitung: Salzland Druck, Staßfurt

Hinweis:
Das Buch ist sorgfältig erarbeitet worden. Dennoch erfolgen alle Angaben ohne Gewähr. Weder Autor noch Verlag können für eventuelle Nachteile oder Schäden, die aus den im Buch gemachten Hinweisen resultieren, eine Haftung übernehmen.

Printed in Germany

978-3-86936-302-8

# In 30 Minuten wissen Sie mehr!

Dieses Buch ist so konzipiert, dass Sie in kurzer Zeit prägnante und fundierte Informationen aufnehmen können. Mithilfe eines Leitsystems werden Sie durch das Buch geführt. Es erlaubt Ihnen, innerhalb Ihres persönlichen Zeitkontingents (von 10 bis 30 Minuten) das Wesentliche zu erfassen.

### Kurze Lesezeit
In 30 Minuten können Sie das ganze Buch lesen. Wenn Sie weniger Zeit haben, lesen Sie gezielt nur die Stellen, die für Sie wichtige Informationen beinhalten.

- Alle wichtigen Informationen sind blau gedruckt.

- Schlüsselfragen mit Seitenverweisen zu Beginn eines jeden Kapitels erlauben eine schnelle Orientierung: Sie blättern direkt auf die Seite, die Ihre Wissenslücke schließt.

- *Zahlreiche Zusammenfassungen innerhalb der Kapitel erlauben das schnelle Querlesen.*

- Ein Fast Reader am Ende des Buches fasst alle wichtigen Aspekte zusammen.

- Ein Register erleichtert das Nachschlagen.

# Inhalt

# Vorwort

Neukunden – jeder möchte sie haben, möglichst viele und mit geringstem Aufwand. Doch wie erreicht man neue Kunden?

Visitenkarten und Briefbögen drucken lassen, ein Firmenschild an die Tür nageln, eine Website einrichten und warten reicht jedenfalls nicht. Joe Girard, der zwölfmal im Guinness-Buch der Rekorde als weltbester Autoverkäufer stand, meint dazu:

*Der Aufzug zum Erfolg funktioniert nicht. Du wirst die Treppe nehmen müssen, eine Stufe nach der anderen.*

Wenn Sie also (mehr) Neukunden gewinnen möchten, müssen Sie selbst aktiv werden und den Kontakt zu potenziellen Kunden suchen.

Mit der Neukundenakquise tun sich viele Menschen jedoch schwer. Der Grund ist verständlich: Wer fremde Personen kontaktiert, um seine Produkte und Dienstleistungen anzubieten, wird höchstwahrscheinlich auf mehr Ablehnung als Zustimmung stoßen. Der Kontaktzeitpunkt kann ungünstig sein, der Bedarf des Kunden ist aktuell gedeckt, er hat einfach kein Interesse an Ihren Produkten oder er möchte seinen bisherigen Lieferanten nicht ersetzen. Darum meiden wir gewöhnlich solche Situationen.

In diesem Buch finden Sie verschiedene wirksame Strategien zur Neukunden-Gewinnung. Allen ist gemeinsam, dass Sie dabei nicht auf irgendwelche glücklichen Umstände warten, sondern selbst aktiv werden.

Möglicherweise werden nicht alle diese Strategien gleichermaßen anwendbar sein. Wählen Sie in diesem Fall die Strategien aus, die am besten zu Ihnen, zu Ihrer Branche oder zu Ihrem Unternehmen passen.

Bevor Sie jedoch bestimmte Strategien verwerfen, empfehle ich Ihnen, zunächst gründlich über eine mögliche Anwendbarkeit nachzudenken oder, noch besser, die Strategie einmal testweise auszuprobieren. Denn wir neigen sehr schnell dazu, eine Variante als unpassend anzusehen, nur weil wir Hemmungen haben, sie anzuwenden oder weil diese Methode in der eigenen Branche noch nicht getestet wurde. Gerade darin steckt ein besonderes Erfolgspotenzial für Sie.

Ich wünsche Ihnen viel Spaß bei der Lektüre dieses Buches und bei der Anwendung der vorgestellten Strategien viel Erfolg! Und vielleicht möchten Sie mir einmal von Ihren Erfahrungen berichten: Über Ihr Feedback freue ich mich.

Ihr Markus I. Reinke
www.reinke-verkaufstraining.de

PS: Dieses Buch widme ich meiner Frau Zahida für die vielen gemeinsamen und wunderschönen Jahre.

**Welche Bedeutung hat die richtige Einstellung für meinen Verkaufserfolg?**

**Wie kann ich meine verkäuferischen Fähigkeiten verbessern?**

**Mit welchen Strategien erreiche ich neue Kunden?**

# 1. Erfolgsfaktoren für die Neukunden-Gewinnung

Der Verkauf der eigenen Produkte und Dienstleistungen und das permanente Bemühen um neue Kunden stellen zwei der wichtigsten Einzelaufgaben eines Unternehmens dar und sollten deshalb immer eine Top-Priorität haben. Erst durch den Verkauf und die ständige Akquise neuer Kunden können die Gehälter der Mitarbeiter und Führungskräfte bezahlt werden, können Kundenabgänge ausgeglichen und Wachstum ermöglicht werden. In diesem Kapitel lesen Sie, worauf es ankommt, damit Ihre Akquise erfolgreich verläuft.

## 1.1 Hauptsache, die Einstellung stimmt

Stellen Sie sich einmal vor, Sie wären Vertriebsleiter in einem Unternehmen und Sie sollen nun aus einer Anzahl von Bewerbern einen Kandidaten auswählen, der Ihrer Meinung nach für eine Tätigkeit im Verkauf am besten geeignet erscheint. Wen würden Sie auswählen:

den Bewerber mit dem größten Fachwissen hinsichtlich Ihrer Branche und Ihrer Produkte, denjenigen mit den besten verkäuferischen Fähigkeiten oder doch lieber die Person mit der besten Einstellung zum Verkaufen? Sie würden gut daran tun, den zuletzt genannten Kandidaten auszuwählen, denn tatsächlich werden mindestens 80 Prozent des Verkaufserfolges durch die richtige innere Einstellung bestimmt.

### *Die kritischen Erfolgsfaktoren im Verkauf*

Natürlich sind auch ein gutes Fachwissen und die Kenntnis der Verkaufstechniken neben der richtigen Einstellung wichtig – alle drei Punkte bilden die kritischen Erfolgsfaktoren im Verkauf. Doch was nützt es Ihnen letztlich, wenn ein Verkäufer zwar fachlich sehr gut ausgebildet ist und auch über exzellente Verkaufstechniken verfügt, ihm aber eine positive Einstellung zum Verkaufen fehlt, weil er zum Beispiel ständig alles kritisiert – die wirtschaftliche Lage, die Kunden, das eigene Unternehmen, die Preise, die Produkte, den Chef? Ein solcher

## Erfolgsfaktoren im Verkauf

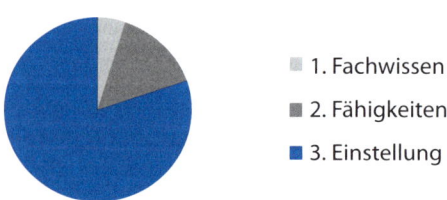

- 1. Fachwissen
- 2. Fähigkeiten
- 3. Einstellung

Verkäufer kann auf Dauer keinen Erfolg haben. Ich habe immer wieder die Erfahrung gemacht, dass ein Mangel an Fachwissen und verkäuferischen Fähigkeiten ausgeglichen werden kann, nicht aber ein Manko in Bezug auf die persönliche Einstellung.

Beobachten Sie einmal die Reaktion Ihrer Verkäufer, wenn die Preise Ihrer Produkte erhöht werden. Verkäufer mit einer positiven Einstellung werden darüber erfreut sein, weil sie aufgrund der umsatzabhängigen Vergütung allein durch den Verkauf des bisherigen Kontingents zu den neuen Preisen bereits mehr verdienen können. Diejenigen, denen die richtige Einstellung fehlt, werden stattdessen jammern und behaupten, dass die Produkte jetzt kaum noch zu verkaufen sind.

Verkäufer mit einer optimalen Einstellung sehen stets die Chancen und Möglichkeiten, die sich ihnen bieten, während Verkäufer mit der falschen Einstellung nur die möglichen Probleme sehen. Holen Sie sich also für Ihr Verkaufsteam „Chancen-Denker" an Bord und fordern Sie die „Problem-Denker" dazu auf, ihre Einstellung zu ändern.

### *Zur richtigen Einstellung gelangen*

Sie haben verschiedene Möglichkeiten, eine verkaufsfördernde Einstellung zu erlangen und gleichzeitig die Gefahr von Frust und Demotivation zu vermeiden:

- Spaßfaktor Akquise: Die Neukundenakquise macht Ihnen keinen Spaß? Das geht den meisten Menschen so. Akquise muss auch keinen Spaß machen, solange Sie erkennen, dass sie als notwendiges „Übel" zu Ihrer Arbeit dazugehört. Nicht die Akquise macht Spaß, sondern das, was als Ergebnis bei der Akquise herauskommt. Man muss also erst durch den „Schmerz" gehen, um nachher die Freude in Form von Erfolgserlebnissen, Provisionen und höherem Einkommen genießen zu können. Akquirieren Sie möglichst zu zweit: So lernt einer vom anderen, Sie sind praktisch zur Akquise „gezwungen", und mehr Spaß macht die Teamakquise außerdem.

- **Akquise-Ziele setzen:** Setzen Sie sich klare Tages-, Wochen- und Monatsziele. Als Unternehmer sollten Sie sich auch Ziele überlegen, die Sie mit Ihrem Geschäft erreichen möchten, zum Beispiel eine bestimmte Anzahl Kunden pro Jahr, Umsatz- und Gewinnziele etc. Wenn Sie sich für die Telefonakquise als Akquisitionsstrategie entscheiden, nehmen Sie sich für jeden Tag eine Mindestanzahl an Anrufen vor und belohnen Sie sich mit einer Kleinigkeit, wenn Sie diese Zahl geschafft haben. Wenn Sie Direktbesuche vorziehen, legen Sie die Mindestzahl Ihrer Besuche vorab fest. Schreiben Sie diese Zahlen auf und kalkulieren Sie diese realistisch. Je nach Gesprächsdauer und Branche können Sie pro Tag etwa 40 bis 80 Anrufe machen, bei Direktbesuchen sind wegen der Fahrtzeiten maximal acht bis zwölf Besuche am Tag möglich, und das auch nur, wenn die Kunden etwa im Umkreis einer einzigen Stadt ansässig sind.

- Der Anfang ist immer am schwierigsten: Den ersten Schritt zu machen, die erste Nummer zu wählen oder beim ersten Neukunden vor Ort einzutreten, kostet immer die größte Überwindung – bei mir ist das auch heute noch so! Sind Sie dann jedoch einmal ins kalte Wasser gesprungen, läuft Ihr Akquise-Motor beinahe automatisch weiter. Denken Sie also am Morgen nicht zu lange nach, bevor Sie den ersten Kunden kontaktieren wollen. „Just do it" lautet hier die Devise.

- Keine Angst vor dem Kunden-Nein: Ablehnung und Einwände gehören zur Neukundenakquise wie das Salz in der Suppe. Nur die wenigsten potenziellen Kunden werden spontan zu Ihrem Angebot Ja sagen. Da fast alle Kunden bei der Erstansprache mit Ablehnung oder Einwänden reagieren, darf diese „Nein-Konditionierung" Sie nicht verunsichern.

- Ausdauer: Egal für welche der in diesem Buch vorgestellten Strategien Sie sich entscheiden: Zeigen Sie Ausdauer! Denn wenn Sie Neukundenakquise nur ab und zu mal einflechten wollen, werden Sie wahrscheinlich nicht den gewünschten Erfolg haben. Ihre Akquiseerfolge hängen immer von Ihrem Einsatz ab.

*Fachwissen, verkäuferische Fähigkeiten und persönliche Einstellung sind die kritischen (Erfolgs-) Faktoren der Neukunden-Gewinnung. Am wichtigsten ist Ihre innere Einstellung. Jeder ist frei, zu wählen, ob er eine positive oder negative Sichtweise einnimmt. Unser Denken bestimmt unser Handeln und somit auch letztlich unseren Erfolg.*

## 1.2 Verkäuferische Fähigkeiten entwickeln

Um in der Neukunden-Gewinnung dauerhaft erfolgreich zu sein, benötigen Sie neben einer positiven Einstellung fundierte Kenntnisse im Verkauf und Marketing. Niemand wird als Verkaufs-Ass oder Marketing-Profi geboren. Verkaufen ist ein Handwerk, das jeder erlernen kann.

### *Kontinuierliche Weiterentwicklung*

Neukunden-Gewinnung hängt in erster Linie von Ihrer Kommunikationsfähigkeit ab – sei es im Brief, in E-Mails, am Telefon oder im persönlichen Gespräch vor Ort beim Kunden. Ideal ist es daher, wenn Sie sich in den verkaufsrelevanten Teildisziplinen – Kommunikationstechnik, Rhetorik und Körpersprache, Verkaufspsychologie und -technik – regelmäßig weiterbilden. Hierzu stehen Ihnen vor allem drei Varianten zur Verfügung, die Sie auch sehr gut kombinieren können.

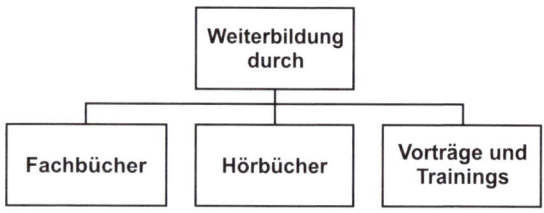

## *Fachbücher lesen*

Sie brauchen das Rad im Verkauf und der Neukundenakquise nicht neu zu erfinden. Alles Notwendige finden Sie in guten Büchern zum Verkauf und Marketing. Einige Literaturtipps finden Sie im Anhang dieses Buches. Ein Buch mit wertvollen Tipps zu lesen ist sehr motivierend und kann sich blitzschnell in barer Münze für Sie auszahlen. Außerdem können Sie sich so manches Lehrgeld ersparen, wenn Sie lesen, wie andere Verkäufer, die in einer ähnlichen Situation waren wie Sie, erfolgreich vorgegangen sind. Vor diesem Hintergrund spricht einiges dafür, jeden Tag etwas zu lesen. Wenn Ihnen das schwerfällt, versuchen Sie wenigstens alle zwei Monate ein Buch zu lesen. Die beste Zeit ist übrigens morgens gleich nach dem Frühstück: Dann sind Sie ausgeruht und starten mit Ihrem neuen Wissen hoch motiviert in den Tag.

## *Hörbücher anhören*

Viele Menschen lesen heute kaum noch. Das ist sehr schade, doch wenn Sie auch dazugehören sollten, können Sie diesen Wissensnachteil durch das Anhören von Hörbüchern ausgleichen. Diese können Sie zum Beispiel bequem während der Autofahrten hören – gerade für Verkäufer, die oft zwischen 400 und 600 Stunden pro Jahr im Auto sitzen, sind Hörbücher ein Segen, um diese sonst unproduktive Zeit optimal für die persönliche Weiterbildung zu nutzen. Auch beim Joggen, Fitnesstraining, Kochen und Radfahren können Sie sich ideal mit Hörbüchern beschäftigen.

### *Vorträge und Seminare*

Als dritte Säule Ihrer kontinuierlichen Weiterentwicklung zum Kommunikationsprofi empfehle ich Ihnen Vorträge und Trainings zu allen Themen rund um den Verkauf. Im Internet finden Sie Seminardatenbanken mit guten Angeboten in Ihrer Nähe und auch die Industrie- und Handelskammern bieten solche Trainings günstig an.

*Verkäuferische Fähigkeiten werden uns nicht in die Wiege gelegt, aber wir können uns diese systematisch aneignen.*

## 1.3 Die richtigen Strategien wählen

Es gibt eine Vielzahl von Strategien, um neue Kunden zu gewinnen. Die nachfolgende Übersicht zeigt Ihnen die bekanntesten auf, von denen die ersten fünf im Folgenden noch genauer vorgestellt werden:

- Briefwerbung (Mailings)
- Online-Marketing einschließlich Networking im Internet
- Empfehlungsmarketing
- Telefonakquise
- Direktbesuche
- Messeausstellung
- Klassische Anzeigenwerbung in Zeitungen, in den Gelben Seiten, auf Plakaten, Stadtplänen etc.

- Artikel in Fachzeitschriften
- Public Relations
- Fachvorträge
- Kundenveranstaltungen
- Das eigene Buch
- Networking (ohne Internet)
- Mitgliedschaft in berufsständischen Vereinigungen und Unternehmerverbänden
- Sponsoring
- Fernseh- und Radiowerbung

Meist gibt es nicht die eine richtige Strategie für das eigene Unternehmen. Der passende Mix aus den oben genannten Methoden ist ausschlaggebend. Zu jeder einzelnen Strategie gibt es vertiefende Fachliteratur. Meiner Meinung nach werden Sie jedoch für die Mehrzahl der Branchen mit den in diesem Buch vorgestellten Strategien bestens zurechtkommen. Die Strategien, für die Sie sich entscheiden, sollten zu Ihrem Produkt und zu Ihrer Branche passen und vor allem sollten Sie sich bei der Anwendung wohlfühlen.

***Erfolg in der Neukunden-Gewinnung ist planbar. Achten Sie vor allem auf:***
- ***eine positive Einstellung zur Akquise,***
- ***ständige persönliche Weiterbildung,***
- ***den individuell passenden Methoden-Mix.***

**30 MINUTEN**

# 2. Mailings – Kunden per Post gewinnen

Unter einem „Mailing" versteht man eine Werbesendung an Privathaushalte oder Geschäftskunden. In der Regel besteht eine solche Werbesendung aus einem Briefumschlag, einem Anschreiben, einem Prospekt oder Flyer und einem Antwortelement, beispielsweise in Form einer Antwortkarte. Diese Werbebriefe können zu Hunderten versendet werden, zu Tausenden oder sogar in Millionenauflage – je nach Größe der Zielgruppe und des zur Verfügung stehenden Budgets.

## 2.1 Briefe zu „schriftlichen Verkäufern" machen

Es ist seit Langem bekannt, dass Briefe im Vergleich zu persönlichen Verkäuferbesuchen und zur Telefonakquise die geringste Abschlussquote aufweisen; im Vergleich zu den beiden anderen Varianten sind sie auch am unpersönlichsten. Hinzu kommt, dass Privat- und

Geschäftshaushalte heutzutage mit Werbebriefen über-flutet werden. Lohnen sich Mailings unter diesen Um-ständen überhaupt noch? In vielen Fällen ja, denn die große Stärke der „schriftlichen Verkäufer", wie der Be-gründer der Dialogmethode Professor Siegfried Vögele die Werbebriefe liebevoll nennt, sind die relativ gerin-gen Kosten.

Der persönliche Besuch eines Verkäufers kostet in vie-len Branchen mittlerweile zwischen 150 Euro und 200 Euro. Um einen Abschluss zu erhalten, sind im Schnitt vier bis fünf Besuche notwendig. Das sind Kosten in Höhe von 600 bis 1.000 Euro für einen Abschluss. Für diesen Betrag können Sie sehr viele schriftliche Ver-käufer auf die Reise schicken. Der Abschlussquote des persönlichen Verkäufers von 20 bis 25 Prozent steht eine durchschnittliche Antwort- oder Responsequote von ein bis drei Prozent bei Werbebriefen gegenüber.

**Ein Rechenbeispiel**
Nehmen wir an, Sie haben fünf Verkäufer, die im Monat rund 500 Besuche machen und dabei 100 Abschlüsse erzielen. Ihre Kosten belaufen sich hier-für auf insgesamt 75.000 Euro (150 Euro je Besuch). Dann würden 10.000 an einem einzigen Tag auf die Reise geschickte schriftliche Verkäufer mit einer nur einprozentigen Abschlussquote so viel verkaufen wie fünf Verkäufer im ganzen Monat – bei Mailingkosten inklusive Gestaltung und Druck von circa 20.000 Euro (etwa 2 Euro pro Brief)!

## *Wann sich Mailings für Sie lohnen können*

Natürlich gibt es keine Garantie dafür, dass ein Mailing erfolgreich verläuft. Die Responsequote, also die messbare Reaktion auf einen Brief in Form einer Antwortkarte, eines Anrufs, einer Mail, eines Fax oder einer Direktbestellung, weist eine Streubreite zwischen 0,1 und zehn Prozent aus. Durch Test-Mailings in kleineren Stückzahlen können Sie den Erfolg besser vorauskalkulieren. Mailings können sich vor allem dann für Sie lohnen, wenn persönliche Außendienstbesuche zu teuer sind und nicht genügend Deckungsbeitrag erwirtschaften. Gleichzeitig sollte Ihr Produkt durch einen im Brief liegenden Prospekt einfach erklärbar und nicht zu hochpreisig sein. Beispielsweise lässt sich per Mailing ein Mobiltelefon für 100 Euro leichter verkaufen als ein Auto für 20.000 Euro.

## *Das sollte Ihr Werbebrief enthalten*

Damit Ihr Mailing von möglichst vielen Adressaten gelesen und nicht gleich in den Papierkorb geworfen wird, haben sich die folgenden Bestandteile bewährt:

- Der Briefumschlag: Ein Brief ist für die meisten Menschen immer noch spannend und macht neugierig – vor allem wenn er nicht gleich als Werbebrief erkannt wird und somit Neugierde auslöst. Daher empfehle ich einen neutralen weißen Umschlag ohne Werbeaufdruck.
- Das Anschreiben: Das persönliche Anschreiben steht hier stellvertretend für die Gesprächseröffnung des

Verkäufers beim Kunden. Dadurch bekommt Ihr Mailing eine persönliche Note. Ihre Briefe sollten daher nach Möglichkeit personalisiert sein und Vorteile für den Kunden enthalten.

- Der Prospekt: Wenn der potenzielle Kunde aus Neugierde den Briefumschlag geöffnet hat und sich durch die persönliche Anrede im Begleitschreiben angesprochen fühlt, stehen die Chancen gut, dass er auch Ihren beiliegenden Prospekt betrachtet. Dieser Prospekt führt praktisch für Sie das Verkaufsgespräch mit dem Kunden. Achten Sie daher auf eine professionelle Gestaltung mit vielen Bildelementen, wenig Text und einer einfachen Sprache ohne Fremdwörter und Fachbegriffe. Der Kunde muss beim Lesen Nutzen und Vorteile für sich erkennen.

- Die Antwortmöglichkeit: Ein Antwort- beziehungsweise Responseelement in Ihrem Mailing symbolisiert die Abschlussphase im schriftlichen Verkaufsgespräch. Der Kunde soll zu einer Aktion veranlasst werden, zum Beispiel soll er bei Ihnen anrufen oder eine Postkarte oder ein beiliegendes Antwortfax zurücksenden.

**30** *Mailings sind eine preiswerte Alternative zu teuren Außendienstbesuchen. Sie können sehr erfolgreich sein, wenn Sie es richtig machen – eine Erfolgsgarantie gibt es aber nicht. Starten Sie daher mit kleinen Test-Mailings.*

## 2.2 22 goldene Tipps für den erfolgreichen Werbebrief

Die Erfolgsquote Ihrer Mailings steigt beträchtlich, je mehr der folgenden Tipps Sie beherzigen.

### 1. Leser-Fragen beantworten!

Ihr Anschreiben sollte kurz sein (am besten eine DIN-A4-Seite) und die nachfolgenden Fragen des Kunden beantworten:

- Wer schreibt mir?
- Warum schreibt er gerade mir?
- Warum gerade jetzt?
- Welche Vorteile stecken da für mich drin?

### 2. Nutzen formulieren und Verstärker einsetzen!

Ihr Mailing muss für den Kunden ganz konkrete Nutzenvorteile enthalten. Diese Vorteile verstärken die Wirkung Ihres Werbebriefes und können durch Wörter wie zum Beispiel „mehr Geld", „gratis", „sparen", „Gewinn", „schön", „bequem", „einfach", „Sonderangebot" ausgedrückt werden.

### 3. Filter vermeiden!

Streichen Sie alle Negativwörter aus Ihrem Mailing, die als Filter wirken, wie zum Beispiel „Kosten", „das kostet", „Vertrag", „Unterschrift", „Tod", „Krankheit", „Rechnung", „Außendienst", „Vertreter" etc.

## 4. S-Kurve des Lesens beachten!

Sie müssen mit Ihrem Brief unbedingt die erste „Wegwerfwelle" überstehen: Menschen lesen Werbebriefe zunächst nicht komplett durch, sondern verschaffen sich einen Überblick. Dabei überprüfen sie, wer ihnen schreibt (Absender), ob ihr Name richtig geschrieben wurde (Anschrift), die Headline des Schreibens (früher „Betreff"), verbunden mit der Frage: „Könnte das interessant für mich sein?", und schließlich, wer unterschreibt (Unterschrift). Während dieser Phase nimmt der Kunde seine Eindrücke vor allem mit der rechten Gehirnhälfte wahr, die in Bildern denkt. Deswegen sollten Sie unbedingt auch mit einfachen Bildern und Symbolen arbeiten, zum Beispiel könnten Sie ein Geldbündelsymbol einfügen, wenn Sie Gewinnchancen ausdrücken möchten. Dieser erste Kurzüberblick des Adressaten erfolgt, wie Dialogexperten mithilfe von Augenkameras festgestellt haben, in einer Art S-Kurve. Häufige Fehler, wodurch das Schreiben schnell im Papierkorb landet, sind: ein falsch geschriebener Name des Kunden, „Herr ..." statt „Frau ...", ein unpersönliches „Sehr geehrte Damen und Herren", eine langweilige oder überzogene Headline, eine unleserliche Unterschrift.

## 5. Vorteile für den Kunden hervorheben!

Wenn Ihr Brief die erste Hürde genommen hat, werden auch die übrigen Briefinhalte meist nur quergelesen. Deswegen sollten Ihre Briefe in mehrere Absätze à vier bis fünf Zeilen gegliedert sein. Innerhalb der Textblöcke ist es wichtig, die Vorteile für den Leser zum Beispiel durch Fettdruck oder Unterstreichungen hervorzuheben.

### 6. Richtige Schriftart wählen und kurzfassen!

Verwenden Sie eine gut lesbare Schriftart, beispielsweise Courier. Die Schriftgröße sollte nicht zu klein sein. Überfrachten Sie Ihren Werbebrief nicht mit zu viel Text. Bringen Sie nur Infos, die aus Ihrer Sicht wirklich notwendig sind und aus Kundensicht klare Nutzenvorteile ausdrücken.

### 7. Ansprechpartner personalisieren!

Wenn die Kunden Sie zurückrufen sollen, geben Sie bitte einen Ansprechpartner in Ihrem Unternehmen mit Vor- und Nachnamen an (noch besser wäre zusätzlich ein Foto), nicht irgendeine beliebige Sachbearbeiternummer.

### 8. Bilder einsetzen!

Überlegen Sie, wie Sie Ihre Botschaften in Bildern und Symbolen ausdrücken können, ein Bild sagt bekanntlich mehr als tausend Worte.

### 9. Kundenorientiert formulieren!

Wenn Sie die Vorteile für den Kunden formulieren, stellen Sie sicher, dass ein Neukunde diese auch leicht nachvollziehen kann. Weil man selbst oft betriebsblind ist, legen Sie am besten Ihren Entwurf zunächst einem

Bekannten vor und fragen ihn, ob die beschriebenen Nutzenvorteile gut nachvollziehbar sind.

### 10. Mit dem PS Neugierde wecken!

Setzen Sie ein PS (Postskriptum) unter Ihre Unterschrift, in dem eine besonders wichtige Aussage gemacht oder der Kunde zu einer Handlung direkt aufgefordert wird. Ein PS wird fast immer gelesen.

### 11. Kunden entgegenkommen!

Neukunden sind meist vorsichtig. Um dieser Zielgruppe ein sicheres Gefühl zu geben, können Sie vor dem Hauptziel, dem Kauf, Zwischenschritte einbauen. Beispielsweise können Sie eine Gratis-Broschüre anbieten, ein günstigeres Nebenprodukt, eine Probebestellung, ein kostenloses Rücktrittsrecht durch einfache Rücksendung ohne Angabe von Gründen usw.

### 12. Potenzial bei Stammkunden ausschöpfen!

Stammkunden, die schon mehrfach bei Ihnen gekauft haben, bieten Ihnen das größte Potenzial zu weiteren Aufträgen. Schreiben Sie also Ihre bestehenden Kunden regelmäßig an, sechs- bis zwölfmal im Jahr ist durchaus möglich.

### 13. Vertreter-Filter beachten!

Wenn Ihr Ziel ein persönlicher Außendienstbesuch ist, gehen Sie am besten in zwei Stufen vor, weil schon die Ankündigung eines Vertreterbesuches oftmals als ein starker Filter wirkt und Interessenten abschreckt. Bieten Sie im ersten Schritt erst einmal nähere Infos an, eine Gratis-Broschüre, eine Probepackung und Ähnliches. Erst wenn Interessenten reagiert haben, zum Beispiel durch einen Anruf bei Ihnen, schlagen Sie im zweiten Schritt eine Beratung durch den Außendienst vor.

### 14. Fokus setzen!

Sie werden möglicherweise mehrere interessante Produkte für Ihre Kunden haben, und die Versuchung ist daher groß, diese auch alle den Neukunden anzubieten. Doch leider wirkt auch dies als Filter, weil der Kunde sich oft nicht entscheiden kann. Konzentrieren Sie sich daher auf ein einziges Produkt, welches Sie zuallererst anbieten möchten, maximal auf zwei Alternativen.

### 15. Preise angeben!

Geben Sie Ihren Kunden auch die Möglichkeit, direkt eine Entscheidung zu treffen, indem Sie den genauen Preis Ihres Produkts angeben. Mailings mit Produktwerbung ohne Preisangaben lösen Misstrauen aus.

### 16. Ohne Responseelement kein Mailing!

Die Antwortmöglichkeit ist der wichtigste Bestandteil Ihres Briefes. Der Kunde muss immer sofort erkennen, was er als Nächstes tun soll. Bei Privatkunden können Sie Antwortkuverts beilegen mit dem Aufdruck „Porto zahlt Empfänger" – das erhöht die Responsequote. Kommt es Ihnen dagegen mehr auf die Qualität statt auf die Quantität der Interessenten an, können Sie stattdessen auch auf das Antwortkuvert aufdrucken: „Bitte mit 55 Cent freimachen." Zwar werden hierauf weniger potenzielle Kunden antworten, dafür sind das Interesse und somit auch die Qualität dieses Kontaktes jedoch größer.

### 17. Im B2B-Bereich Fax-Antwort anbieten!

Bei Geschäftskunden ist ein Fax-Antwortformular ideal. Drucken Sie hier schon den Namen des Interessenten vor, wenn es nicht zu viel Aufwand für Sie bedeutet – auch dies wirkt als Verstärker. Die Briefe für diese Zielgruppe sollten dienstags bis donnerstags beim Empfänger ankommen.

### 18. Negativ-Verstärker erhöhen die Responsequote!

Die circa 98 Prozent der angeschriebenen Neukunden, die auf Ihr Mailing nicht reagieren, sind nicht unbedingt Nein-Sager. Viele reagieren erst beim zweiten oder dritten Mailing. Schreiben Sie also die Nicht-Reagierer nicht gleich ab. Gerade bei dieser Gruppe können Sie auch gut mit „Nein-Verstärkern" auf Ihrer Antwortkarte arbeiten: Denn wenn ein Kunde ein Nein zu Ihrem Produkt A ankreuzt, findet wenigstens ein Dialog statt. Ein Nein ist besser als gar keine Reaktion und Sie können dieser Zielgruppe beim nächsten Mailing stattdessen Infos zu Ihrem Produkt B zukommen lassen. Oder auf der Antwortkarte eines Verkaufstrainers steht gleich unter dem Ankreuz-

feld: „Ja, ich melde mich zum Verkaufstraining am ... in ...
hiermit verbindlich an" als weiteres Ankreuzfeld: „Nein,
ich möchte mich zunächst für den Gratis-Vortrag am ...
anmelden". Alle Interessenten, die hier die zweite Variante angekreuzt haben, sind offensichtlich auch an der
Dienstleistung „Verkaufstraining" interessiert, möchten
aber durch das Gratis-Training erst mehr Sicherheit für
ihre endgültige Entscheidung gewinnen. Ohne die zweite
Ankreuzmöglichkeit hätten Sie von dieser Kundengruppe
aber wahrscheinlich gar keine Reaktion erhalten.

### 19. Keine Unterschrift verlangen!

Verzichten Sie nach Möglichkeit auf eine Unterschrift
des Kunden, weil dies ein starker Filter für die Entscheidung eines Neukunden darstellt. Die Interessenten, die Ihr Produkt per Antwortkarte bestellen, erhalten auch ohne Unterschrift die Bestellung. So arbeiten
die meisten Katalogwarenhäuser sehr erfolgreich. Die
wenigen Fälle, die dann die Rechnung nicht bezahlen,
gleichen Sie durch die überwiegende Mehrzahl der pro-
blemlosen Bestellungen aus. Außerdem können Sie den
erwarteten Ausfall auch in den Preis von vornherein
einkalkulieren.

### 20. Geschenke erhalten nicht immer die Freundschaft!

Seien Sie zurückhaltend mit Geschenken und kostenlo-
sen Veranstaltungen. Ihre Mailingkosten werden dadurch deutlich erhöht, die Qualität vieler Reaktionen

lässt zu wünschen übrig (Geschenke-Abholer!) und viele Neukunden vermuten hinter solchen Angeboten zu Recht Lockangebote und Verkaufsveranstaltungen – ähnlich wie bei einer „Gratis-Kaffeefahrt".

### 21. Mitarbeiter am Telefon ausbilden!

Wenn eine Antwortmöglichkeit (oder sogar die einzige) der Anruf von Interessenten bei Ihrem Unternehmen ist, benötigen Sie in der telefonischen Kommunikation unbedingt sehr gut ausgebildete Mitarbeiter. Wenn Sie hier nicht in die Ausbildung Ihres Teams investieren, können Sie sich gleich das ganze Mailing sparen. Professionell ausgebildete Mitarbeiter können dagegen durch Zusatzangebote schnell zwischen 20 und 50 Prozent zusätzlichen Umsatz generieren.

### 22. Mailings an Geschäftskunden immer nachfassen!

Immer wieder versenden Unternehmen Mailings und hoffen darauf, dass die Aktion ein großer Erfolg wird und viele Neukunden daraus resultieren. Leider ist dies oft nicht der Fall: Die Kosten der Mailingaktion werden durch die daraufhin ausgelösten Bestellungen nicht gedeckt. Durch Nachfassaktionen können Sie den Erfolg Ihrer Mailings deutlich erhöhen. Wie oben bereits erläutert, bedeutet eine Nicht-Reaktion nicht automatisch, dass der Kunde kein Interesse an Ihren Produkten hat. Vielfach sind Neukunden einfach zu bequem, um jetzt die Antwortkarte auszufüllen oder beim Anbieter anzurufen, obwohl das Produkt durchaus interessant für sie ist. Wenn Sie bei solchen Kunden anrufen, zeigen Sie ihnen, dass Sie sich wirklich um sie bemühen, und der Bestellvorgang wird auf diese Weise noch bequemer für den Kunden.

*Der Erfolg einer Mailingaktion hängt von vielen Faktoren ab, insbesondere von der dialogorientierten Gestaltung des Werbebriefs, dem Einsatz von positiven Verstärkern und der Vermeidung von negativen Filtern.*

## 2.3 Mailings professionell nachfassen

Das Nachfassen von Mailings erhöht die Responsequote. Sie erfahren, wer von Ihrer Zielgruppe vorerst oder generell keinen Bedarf hat und wer gerne jetzt bei Ihnen bestellt.

### Den richtigen Zeitpunkt wählen

Schicken Sie am besten immer nur so viele Briefe raus, wie Sie personell und zeitlich telefonisch nachfassen können. Egal wie groß der Erfolg Ihres Mailings ist, die meisten der Angeschriebenen werden auf Ihren Brief keine Reaktion zeigen. Selbst bei den erfolgreichsten Mailings lag die Quote derer, die keine Antwort gaben, bei mindestens 90 Prozent!

Fassen Sie bei dieser Gruppe telefonisch in der Folgewoche nach, vier bis sieben Tage nach dem Versand sind also optimal. Mit jedem Tag, den Sie zusätzlich verstreichen lassen, steigt die Gefahr, dass Ihr potenzieller Neukunde zwischenzeitlich schon viele weitere Briefe von anderen Anbietern erhalten und Ihren Brief folglich schon wieder vergessen hat.

### *Rechtliche Einschränkungen beachten*

In Deutschland dürfen Sie Privathaushalte, die nicht zu Ihrem bestehenden Kundenstamm gehören, nicht kalt anrufen, auch dann nicht, wenn Sie vorher einen Brief gesendet haben.

Bei gewerblichen Kunden ist die gesetzliche Regelung etwas lockerer. Hier dürfen Sie zumindest dann Kaltanrufe machen, wenn aufgrund eines sachlichen Zusammenhangs zwischen Ihren Produkten und Dienstleistungen und dem angerufenen Unternehmen eine mutmaßliche Einwilligung angenommen werden kann. Beispielsweise darf ein Software-Unternehmen, das Software speziell für Steuerberater anbietet, bei Steuerberatern anrufen.

Sie sollten Ihre Adresslisten also vorab entsprechend selektieren. Im Zweifel ziehen Sie am besten einen auf Wettbewerbsrecht spezialisierten Rechtsanwalt hinzu.

### *Das professionelle Nachfasstelefonat*

Nehmen wir an, Sie haben Ihr Mailing verschickt und entschließen sich ein paar Tage später dazu, telefonisch nachzufassen. Wie gehen Sie dies am besten an?

Als Einstiegsfrage sollten geschlossene Fragen wie „Haben Sie unseren Brief erhalten/schon gelesen?" vermieden werden, weil der Kunde schnell mit Nein antworten kann. Stattdessen bewährt haben sich offene Einstiegsfragen, die mit einem W-Fragewort beginnen und die der Gesprächspartner ausführlicher beantwortet. Das Entstehen eines Dialogs wird dadurch gefördert.

**Ein Beispiel:**
„Guten Tag, Herr ..., wir haben Ihnen letzte Woche eine Information zugesandt, wie Sie bei Ihrer Autoversicherung viel Geld einsparen können und gleichzeitig besten Service erhalten. Wie gefallen Ihnen diese Leistungen?/Was halten Sie von diesem Angebot?"

Reagiert der Kunde nun mit positiven Bemerkungen oder mit interessierten Fragen zu Ihrem Produkt, signalisiert Ihnen das ein starkes Interesse, und es lohnt sich, das Gespräch zu vertiefen oder sogar den Abschluss anzusteuern.

*Voraussetzungen erfolgreicher Mailings sind:*
- *eine professionelle Vorbereitung, Durchführung und Nachbearbeitung,*
- *ein klar erkennbarer Kundenvorteil,*
- *eine Responsemöglichkeit, zum Beispiel in Form einer Antwortkarte, sollte stets Bestandteil des Mailings sein.*

**30 MINUTEN**

# 3. Mit dem Internet zu neuen Kunden

Das Internet bietet heutzutage fantastische Möglichkeiten, neue Kunden zu gewinnen. Längst geht es hierbei nicht mehr nur um eine eigene Website. Web 2.0, Social Media und Online-Marketing sind die neuen Schlagwörter. Der Vorteil für Unternehmen: Viele dieser Möglichkeiten sind im Vergleich zu klassischer Werbung sehr günstig oder sogar gratis und erlauben direkt messbare Resultate. Aus der Vielzahl dieser modernen Kommunikations- und Akquisitions-Tools möchte ich Ihnen zwei näher vorstellen.

## 3.1 XING – Neukundenkontakte fast zum Nulltarif

XING ist die bekannteste Business-Networking-Plattform im deutschsprachigen Raum. Laut dem XING-Bericht zum 1. Quartal 2010 hat diese Plattform weltweit schon über neun Millionen Mitglieder, davon fast vier Millionen im deutschsprachigen Raum – Tendenz stark steigend. Unter der Webadresse www.xing.com kann sich jeder gratis anmelden und sofort mit dem Netzwerken beginnen. Wenn Sie den größtmöglichen Nutzen aus XING ziehen möchten, empfehle ich Ihnen aber dringend, ein sogenanntes Premium-Mitglied zu werden. Die Kosten hierfür sind sehr günstig und betragen je nach Vertragslaufzeit zwischen 4,95 Euro und 6,95 Euro im Monat (Stand: August 2010).

### *Ihre wichtigsten Vorteile bei XING*

Eine Mitgliedschaft auf dieser Networking-Plattform bietet Ihnen zahlreiche Vorteile:

- XING ist eine riesige Informationsdatenbank, in der Sie sich über Personen und Unternehmen informieren können. Wenn Sie zum Beispiel einen Firmennamen in das Suchfeld eingeben, wird Ihnen blitzschnell angezeigt, ob und welche Mitarbeiter dieses Unternehmens bei XING eingetragen sind. So lassen sich nicht selten genau die gesuchten Ansprechpartner ermitteln. Oder Sie haben einen Termin mit einem Interessenten vereinbart und können, sofern dieser Mitglied bei XING ist, dort wertvolle Informationen über ihn einholen, zum Beispiel seine Interessen, die Produkte und Dienstleistungen, die er sucht, seinen beruflichen Werdegang und in welchen Expertengruppen er Mitglied ist. Vielleicht entdecken Sie Gemeinsamkeiten und haben so einen idealen Small-Talk-Gesprächseinstieg.

- XING können Sie auch als Adressbuch nutzen, mit dem Vorteil, dass Ihre Kontakte selbst auf die Aktualität ihrer Daten achten. Die Plattform ermöglicht auch einen Abgleich und einen Datenexport mit Adressprogrammen wie zum Beispiel Outlook.

- Besonders wichtig für die Neukundenakquise ist die Suchfunktion bei XING. Wenn beispielsweise Malerbetriebe in Düsseldorf Ihre Zielgruppe sind, erhalten Sie über die Suche eine hinsichtlich der Zielgruppe und der Region optimierte Trefferliste.

- Sie können oftmals auch Telefonzentralen und Sekretärinnen („Gatekeeper") umgehen. Entweder Sie finden die gewünschte Person direkt bei XING samt Telefonnummer oder aber Sie finden einen anderen Mitarbeiter im Zielunternehmen, der Sie in der Regel leichter zur Zielperson durchstellen wird als eine geschulte Sekretärin.

- Über die Gruppenfunktion können Sie sich über Netzwerktreffen von Unternehmern in Ihrer Umgebung informieren und sich dort ebenfalls anmelden, wenn potenzielle Kunden zu erwarten sind. Die Teilnehmerliste ist meistens schon vor der Veranstaltung online abrufbar. Auf diesen persönlichen Netzwerktreffen haben sich schon viele Geschäftskontakte und -kooperationen ergeben.

- Schließlich können Sie Ihre eigenen Kontakte stets über neue Produkte informieren. Diese Form des Marketings ist – solange Sie keine unpersönlichen Massenmails versenden – zulässig.

### Profil einrichten und starten

Die Anmeldung bei XING ist sehr einfach: Sie geben Ihren Namen samt Mailadresse ein, wählen ein Passwort und schon sind Sie Mitglied. Danach sollten Sie noch Ihr Profil schrittweise vervollständigen, damit andere Mitglieder – potenzielle Kunden – motiviert werden, Kontakt zu Ihnen aufzunehmen. Dazu gehen Sie am besten folgendermaßen vor:

- Laden Sie ein aussagekräftiges, seriöses Businessfoto auf Ihr Profil hoch.
- Füllen Sie die Felder „Ich suche" und „Ich biete" aus. Sagen Sie in kurzen Sätzen, was Sie anderen Nutzern bieten können.
- In dem „Interessen"-Feld sollten Sie auch etwas über sich persönlich aussagen. Das macht Sie menschlicher und lässt andere bei übereinstimmenden Interessen leichter die Kontakt-Hemmschwelle überwinden.
- Schließlich lohnt es sich noch, die Seite „Über mich" mit weiteren Informationen über Sie und Ihr Unternehmen zu nutzen.

### Mit der Akquise starten

Sobald Sie Ihr Profil vervollständigt haben, können Sie auch schon auf Neukundensuche gehen. Dazu haben Sie mehrere spannende Möglichkeiten – je nach persönlicher Vorliebe. Stellen Sie bitte unter „Benachrichtigen" im Menü „Einstellungen" ein, dass XING Sie automatisch per Mail informiert, wenn Sie neue Kontaktanfragen oder Nachrichten von anderen Mitgliedern erhalten:

- Als Premium-Mitglied bekommen Sie immer eine Information darüber, welche anderen Mitglieder Ihr Profil aufgerufen haben. Bildlich gesprochen haben in dem Fall Interessenten einen Blick in Ihr Unternehmensschaufenster geworfen. Was liegt näher, als solche Personen anschließend einmal zu kontaktieren um mehr darüber zu erfahren, ob Sie ihm irgendwie weiterhelfen können?

- Sie erhalten sogar eine Info darüber, wenn andere Mitglieder nicht nur Ihr Profil aufgerufen, sondern auch Ihre Website angeklickt haben. Um im Bild zu bleiben: Hier hat jemand nicht nur in Ihr Schaufenster gesehen, er hat danach sogar Ihren Laden betreten. Dies lässt ein starkes Interesse vermuten. Solche Personen danach zu kontaktieren, sollten Sie sich auf keinen Fall entgehen lassen.

- Wie bereits oben beschrieben, können Sie konkrete Suchen durchführen, um Ihre Zielgruppe bestmöglich zu selektieren. Die so generierten Kontakte können Sie dann je nach Vorliebe:
  - direkt anrufen,
  - per Mail kontaktieren (beziehen Sie sich dabei auf Einträge in deren „Ich suche"-/„Ich biete"-Profil, die zu Ihren Produkten passen),
  - per Brief anschreiben (etwas umständlich),
  - über einen Dritten ansprechen.

- Wenn Kaltakquise nicht Ihr Ding ist, wird Ihnen die nächste Kontaktvariante sicher zusagen. Lassen Sie von der Datenbank einfach überprüfen, welche gemeinsamen Kontakte Sie und Ihre Zielkontakte haben. Angenommen, Sie als A möchten den interessanten Kontakt B ansprechen. Sie haben beide C als gemeinsamen Kontakt. Jetzt können Sie C bitten, dass er Sie über die „Kontakt-Vorstellen"-Funktion bei B vorstellt. Ein angenehmer Erstkontakt ist hier schon vorprogrammiert – mit entsprechend hoher Erfolgschance.

- Wenn Sie das persönliche Kennenlernen vorziehen, nutzen Sie Netzwerktreffen zur Kontaktaufnahme.

*Die Neukundenakquise über XING erfolgt in nur drei Schritten: anmelden, Profil vollständig anlegen und selektierte Kontakte direkt oder indirekt über einen gemeinsamen Kontakt kontaktieren. Der Schlüssel zum Erfolg liegt wie bei allen Akquiseformen in Ihrer Aktivität: Gehen Sie auf Ihre künftigen Kunden zu.*

## 3.2 Die professionelle Website

Eine eigene Website ist für ein Unternehmen heute so selbstverständlich wie ein Telefonanschluss. So wie dieser in Telefon- und Branchenbüchern veröffentlicht werden sollte, so muss auch ein Internetauftritt bekannt gemacht werden, will man nicht im weltweiten Netz untergehen.

## Die größten Fehler bezüglich der Website

Folgende Fehler lassen sich auch heute noch immer wieder bei Unternehmen entdecken:

1. Das Unternehmen hat überhaupt keine Website: Folglich kann es auch von niemandem im Internet gefunden werden, verschenkt dadurch viele mögliche Kundenkontakte und Umsatz.

2. Das Unternehmen hat eine schlechte Website: Diese Unternehmen werden zwar gefunden, aber Interessenten werden abgeschreckt von dem unprofessionellen Internetauftritt, zum Beispiel durch unleserliche Seiten, unpassende Hintergrundfarben, Baustellenseiten, zu wenige Informationen für Interessenten, banale Inhalte, naive Animationen usw.

3. Das Unternehmen hat zwar in eine ansprechende Website zunächst viel Zeit und Geld investiert, aber nachdem der Auftritt fertig war, wurde die Website nicht weiter gepflegt, zum Beispiel ist sie in den Suchmaschinen schlecht zu finden, die Inhalte veralten etc.

## Ihre Website ist Ihr bester Verkäufer

Betrachten Sie Ihre Website als Ihre wertvollste Verkaufskraft: Wenn sie einmal erstellt ist, arbeitet sie rund um die Uhr für Sie, das ganze Jahr lang und ohne Urlaub. Kümmern Sie sich daher regelmäßig um sie. Online-Marketing und die Firmenwebsite sind immer Chefsache! Bieten Sie Ihren Kunden Nutzen auf Ihrer Website, zum Beispiel durch Gratis-Downloads, und halten Sie die Inhalte stets aktuell. Überlegen Sie mindestens einmal im Monat mit Ihrem Team, wie Sie Ihren Webauftritt für Kunden noch attraktiver gestalten können und wie Sie in den Trefferlisten der Suchmaschinen weiter nach vorne kommen.

### Suchmaschinenmarketing und -optimierung

Eine gute Website hat vor allem zwei Aufgaben: Sie soll *Besucher* auf Ihre Website bringen und aus diesen Besuchern sollen möglichst viele *Kontakte* werden. Um viele Besucher auf Ihre Internetseite zu lotsen, haben Sie vor allem zwei Möglichkeiten: das Suchmaschinenmarketing (Search-Engine-Marketing/SEM) und die Suchmaschinenoptimierung (Search-Engine-Optimization/SEO).

Wenn Sie beispielsweise bei Google den Suchbegriff „Ballonfahrten" eingeben, erhalten Sie eine dreigeteilte Trefferliste: Zuoberst und rechts an der Seite erscheinen mehrere kostenpflichtige Einträge – erkennbar an dem kleinen Hinweis: „Anzeigen". Diese kostenpflichtigen Anzeigen machen das SEM aus. Unternehmen bezahlen Google dafür, dass sie unter bestimmten Suchbegriffen gefunden werden können. Bezahlt wird regelmäßig für jeden Klick auf den eigenen Eintrag. Google bezeichnet diese Werbeform als Google AdWords. Diese Variante hat aber auch gewisse Nachteile. Zum einen funktioniert SEM bei Dienstleistungen wesentlich schlechter als bei Produkten, zum anderen müssen Sie je nach Suchbegriff eventuell mit erheblichen Kosten rechnen.

Die dritte Darstellungsform in der Trefferliste sind die unterhalb beziehungsweise links von den bezahlten Anzeigen aufgeführten Treffer. Diese Werbeform ist gratis, und hier möglichst weit nach vorne zu kommen ist Aufgabe der Suchmaschinenoptimierung (SEO). Folgende Tipps, um bei Google möglichst weit vorne gerankt zu sein, sollten Sie beachten:

- Integrieren Sie keine wichtigen Dienstleistungs- oder Produktinfos in Bilder, weil Google diese Infos nicht lesen kann und Ihnen somit wertvolle Kontaktchancen verloren gehen. Rufen Sie einfach Ihre Website auf und klicken Sie die Tastenkombination „STRG + A": Alles, was dann markiert erscheint, kann Google erkennen, den Rest nicht!
- Binden Sie möglichst ein Video auf Ihrer Website ein. Interessenten sehen sich gerne solche Kurzvideos von 30 Sekunden bis zwei Minuten Länge an und Google rankt Sie mit einem Video höher.
- Ihre Internetseite sollte mit möglichst vielen anderen Seiten verlinkt sein – zum Beispiel mit Netzwerken wie XING, Twitter, Facebook und mit Ihren Kooperationspartnern –, weil Sie auch dadurch besser in den Suchmaschinen gelistet werden. Eine Seite, die oft verlinkt wird, gilt als „beliebter".
- Wählen Sie am besten eine Webadresse, in welcher bereits Ihre Hauptdienstleistung oder Ihr Hauptprodukt genannt wird (vgl. zum Beispiel www.reinke-verkaufstraining.de).

- Ihre wichtigsten Produkte sollten auch sofort genannt werden, wenn man Ihre Seite aufruft.
- Schließlich sollten auch Ihre „Quelltexte" einen Hinweis auf Ihre Produkte geben. Rufen Sie dazu Ihre Website auf, drücken die rechte Maustaste und klicken dann auf „Quelltext". Dann werden einige Programmierbefehle aufgelistet. Hinter dem Befehl „meta name description content" sollten Ihre wichtigsten Produkte oder Dienstleistungen erscheinen – diese finden sich dann auch bei Google in der Trefferliste wieder.
- Zum Schluss noch der Hinweis, dass aus Website-Besuchern nur dann Kontakte und schließlich Kunden werden, wenn Ihre Website so interessant ist, dass Besucher motiviert werden, mit Ihnen Kontakt aufzunehmen. Zu diesem Zweck arbeiten Sie am besten mit Bildern und Fotos auf Ihrer Seite. Die Textinhalte sind einfach und kurz zu formulieren. Bieten Sie Zusatznutzen durch Newsletter-Anmeldung und einen Download-Service.

*Das Internet bietet Ihnen zahlreiche, sehr kosten-*
*günstige Möglichkeiten, Ihr Unternehmen zu prä-* **30**
*sentieren und neue Kunden anzusprechen. Eine*
*professionelle Website und Profile in Networking-*
*Plattformen wie XING erhöhen Ihre Kontaktchan-*
*cen beträchtlich.*

**30 MINUTEN**

# 4. Empfehlungsmarketing

Das Empfehlungsmarketing ist eine uralte Technik und besser bekannt unter dem Begriff „Mundpropaganda". Dahinter verbirgt sich als Grundidee, dass ein Kunde, der mit den Leistungen eines Unternehmens sehr zufrieden ist, dieses in seinem Bekanntenkreis weitererzählt. Da die Menschen den Aussagen von Freunden und Bekannten mehr Vertrauen schenken als den Werbebotschaften der Firmen, wird so mancher Neukunde motiviert, den Kontakt zu dem empfohlenen Unternehmen aufzunehmen.

## 4.1 Passives und aktives Empfehlungsmarketing

Es gibt nahezu kein Unternehmen, das nicht auf die Empfehlungsstrategie setzt, um darüber neue Kunden zu gewinnen. Um mit dieser Strategie erfolgreich zu sein, können Sie an zwei unterschiedlichen Stellschrauben drehen:

- Sie erbringen Leistungen, die über den üblichen Erwartungen Ihrer Kunden liegen. Daraufhin empfehlen Ihre Kunden Ihr Unternehmen von sich aus weiter – ohne Ihr weiteres Zutun (= passives Empfehlungsmarketing).

- Sie erfüllen durch Ihre Leistungen mindestens die Erwartungen Ihrer Kunden *und* bitten diese aktiv um Weiterempfehlungen (= aktives Empfehlungsmarketing).

### *Das Grundmodell des Empfehlungsmarketings*

Um die passende der beiden oben genannten Empfehlungsvarianten für das eigene Unternehmen auswählen zu können, möchte ich Ihnen zunächst anhand der folgenden Abbildung das einfache Grundmodell des Empfehlungsmarketings vorstellen. Das Modell zeigt auf, dass die Empfehlungsstrategie einen unendlichen

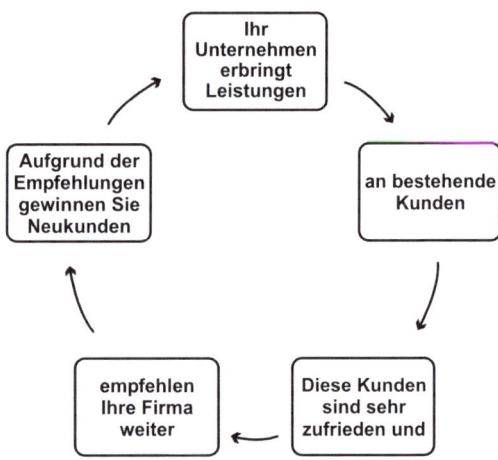

Kreislauf darstellt: Die bei Ihnen regelmäßig kaufenden Kunden empfehlen Ihr Unternehmen aufgrund Ihrer guten Produkte und Leistungen an andere Personen weiter, diese werden dann selbst zu Stammkunden Ihrer Firma und empfehlen Sie ebenfalls weiter usf.

### Passives Empfehlungsmarketing

Diese Empfehlungsvariante kommt mit Abstand am häufigsten vor. Fast jedes Unternehmen hofft auf eine positive Mundpropaganda zufriedener Kunden, wodurch neue Kunden motiviert werden, das Unternehmen telefonisch, schriftlich oder persönlich zu kontaktieren.

Auch wenn Ihr Unternehmen hier passiv bleibt und somit wenig Einfluss darauf hat, ob und in welchem Umfang Ihre Kunden Sie weiterempfehlen, ist diese Variante keineswegs schlecht. Es gibt sogar ganze Branchen, die davon gut leben können, wie zum Beispiel Ärzte, Rechtsanwälte und Handwerker. Gerade in diesen Branchen ist das aktive Empfehlungsmarketing oft gar nicht praktizierbar.

Diese Variante setzt aber voraus, dass Ihre Leistungen wirklich sehr gut sind. Ich meine nicht die üblichen Phrasen: „Wir leisten gute Qualität und haben gute Preise!" Das sind Selbstverständlichkeiten, die setzt Ihr Kunde voraus.

Ihre Kunden haben eine gewisse Erwartungshaltung, wenn sie bei Ihnen kaufen. Wenn diese Erwartungen durch Ihre Leistung erfüllt werden, sind Ihre Kunden zufrieden. Das reicht aber leider meist nicht, um eine starke Mundpropaganda auszulösen. Überlegen Sie selbst einmal, wie oft Sie im letzten Jahr ein Unternehmen weiterempfohlen haben. Nicht sehr oft, oder?

Sie werden vor allem dann von Ihren Stammkunden weiterempfohlen, wenn Sie deren Erwartungen übertreffen, wenn Sie mehr leisten, als man üblicherweise erwartet, zum Beispiel durch einen besonderen Service oder eine besondere Freundlichkeit Ihrer Mitarbeiter.

**Mein Tipp:**
Überlegen Sie regelmäßig gemeinsam mit Ihrem Mitarbeiterteam, wie Sie Ihre Kunden positiv überraschen können. Viele Ideen lassen sich mit geringem Aufwand und niedrigen Kosten realisieren.

### *Aktives Empfehlungsmarketing*

Wann immer es möglich ist und zu Ihrer Branche passt, sollten Sie unbedingt neben dem passiven auch das aktive Empfehlungsmarketing einsetzen. Hier sprechen Sie Ihre Bestandskunden aktiv auf das Thema Weiterempfehlung an. Diese Variante ist in rund 90 Prozent aller Unternehmen einsetzbar, wird aber nicht einmal in zehn Prozent aller Unternehmen angewendet.

*Es gibt zwei Varianten des Empfehlungsmarketings: die passive Methode, bei der Sie Ihren Kunden mehr bieten, als diese normalerweise erwar-*

*ten, und Sie aufgrund der Begeisterung Ihrer Kunden von diesen weiterempfohlen werden – und die aktive Variante, bei der Sie Ihre Bestandskunden aktiv um Weiterempfehlungen bitten. Arbeiten Sie möglichst mit beiden Varianten.*

## 4.2 Denkblockaden auflösen

Empfehlungsmarketing kostet das Unternehmen nichts. Es ist sehr erfolgreich und einfach umzusetzen. Und doch machen nur die wenigsten von dieser Methode Gebrauch. Woran liegt das?

### Warum wird aktives Empfehlungsmarketing so selten angewendet?

Folgende Gründe werden meist genannt:

- „Ich möchte bei meinen Kunden nicht als Bittsteller auftreten."
- „Wenn ein Bestandskunde mir soeben einen Auftrag erteilt hat, kann ich doch jetzt nicht auch noch Empfehlungsadressen erfragen. Außerdem gefährde ich vielleicht noch meinen gerade erhaltenen Auftrag."
- „Zu meiner Branche passt das nicht. Das ist doch eher etwas für Strukturvertriebe."
- „Ich weiß nicht, wie ich am besten danach fragen soll."
- „Ich vergesse die Empfehlungsfrage meistens."

Eigentlich kann man diese Antworten allesamt in eine einzige Antwort umformulieren: Ich habe *Angst*, den Kunden um Empfehlungen zu bitten. Diese Angst ist nach meiner Einschätzung der Hauptgrund, warum das aktive Empfehlungsmarketing so wenig im Geschäftsleben eingesetzt wird.

### Wie die Hemmungen überwunden werden können

Diese Angst lässt sich am besten in drei Schritten überwinden:

1. Den Verkäufern beziehungsweise Unternehmern wird klargemacht, dass sie gar nicht als Bittsteller auftreten, sondern das Empfehlungsmarketing für alle Beteiligten von Vorteil ist:
   – für den Verkäufer, weil er dadurch seine Neukundenquote auf einfache Art und Weise deutlich steigern kann,
   – für den Empfehlungsgeber, den Kunden, weil er dadurch zum einen seinem Bekannten, dem Empfohlenen, eine gute Sache weiterempfiehlt, die diesem zu ähnlichem Nutzen verhelfen kann; zum anderen, weil er dadurch Anerkennung erhält: vom Verkäufer und von seinem Bekannten, die sich für den guten Tipp bedanken werden,
   – für den Empfohlenen, weil er auf diese Weise ebenfalls von einem vorteilhaften Angebot erfährt, dieses auch ausprobieren und ähnlich wie der Empfehlungsgeber profitieren kann.

2. Den Verkaufskräften wird die richtige Vorgehensweise in Trainings vermittelt, wie man am besten nach Weiterempfehlungen fragt. Angst hat ihre Ursachen bekanntlich oft in Unwissenheit.
3. Schließlich müssen die Verkäufer ein paar Mal bei den wirklichen Kunden ins kalte Wasser springen und die gelernte Vorgehensweise ausprobieren.

*„Das Einzige, wovor man Angst haben muss, ist die Angst selber." (Franklin Delano Roosevelt) Viele Menschen haben Angst davor, nach Empfehlungen zu fragen, und erfinden daher allerlei logisch klingende Ausreden, warum sie diese Methode nicht anwenden können. Dabei ist das Schlimmste, was Ihnen passieren kann, dass Sie genauso dastehen wie zuvor – nämlich ohne Empfehlungen! Wenn Sie dagegen Ihre Angst überwinden und mutig die Empfehlungsfrage stellen, ist Ihnen der Erfolg sicher.*

## 4.3 Empfehlungsmarketing in 7 Schritten

Die Empfehlungsstrategie ist sehr einfach umzusetzen, wenn Sie sich an das nachfolgende Schema halten. Der wichtigste Schritt ist und bleibt dabei die Empfehlungsfrage selber. Alle anderen Schritte wirken sich nur auf die Zahl und Qualität der Empfehlungen aus.

## Schritt 1: Den Kunden in eine positive Stimmung zum Thema versetzen

Sie haben Kontakt mit einem Ihrer bestehenden Kunden, am Telefon oder persönlich. Am Ende eines Verkaufsgesprächs sagen Sie zum Kunden: „Herr Kunde, viele unserer Kunden haben mir in der Vergangenheit immer wieder bestätigt, dass sie gute Erfahrungen mit Weiterempfehlung und Mundpropaganda gemacht haben und dass die meisten Neukunden über eine solche Mundpropaganda gewonnen wurden. Haben Sie in dem Bereich auch ähnliche Erfahrungen gesammelt?" Die meisten Kunden werden nun mit Ja antworten, wonach Sie Ihren Gesprächspartner positiv auf das Thema Weiterempfehlung und Mundpropaganda eingestellt haben.

## Schritt 2: Die Empfehlungsfrage

Jetzt stellen Sie als Nächstes Ihre Empfehlungsfrage. Achten Sie bei der Formulierung darauf, dass Sie möglichst offen danach fragen, also mit einem W-Fragewort beginnen. Tabu sind demnach geschlossene Fragen, die sich mit einem einfachen Ja oder Nein beantworten lassen.

**Beispiel:**
„Herr Kunde, wir arbeiten jetzt schon seit einigen Jahren sehr erfolgreich zusammen und Sie profitieren von unseren Produkten und Dienstleistungen. Ähnlich wie Sie gewinnen auch wir viele Kunden

> über Mundpropaganda und Weiterempfehlung. Sie
> kennen doch sehr viele Leute. Wenn Sie an ein paar
> Ihrer Bekannten aus der Branche denken, wer fällt
> Ihnen da ein, der auch von unseren Produkten profi-
> tieren könnte, so wie Sie?"

Ihre Anfrage sollte dabei nicht zu kurz sein, damit der
Kunde Zeit hat, darüber nachzudenken.

### Schritt 3: Weitere Empfehlungen erfragen und diese dann mit Fragen qualifizieren

Oft nennt Ihnen der Kunde auf Ihre Empfehlungsfrage
hin spontan einen Namen. Er ist jetzt gerade in „Geber-
laune", sodass Sie bequem nach weiteren Namen fragen
können. Auf diese Weise bekomme ich als Trainer regelmäßig zwischen zwei und vier Empfehlungsadressen. Es wird bei Ihnen genauso funktionieren. Qualifizieren Sie danach die Adressen, indem Sie noch ein
paar Informationsfragen stellen:

- Wie kommen Sie gerade auf Herrn ...?
- Welche Position hat Herr ...?
- Inwieweit haben Sie mit ihm schon mal über unsere
  Zusammenarbeit gesprochen?
- Wann kann man Herrn ... am besten erreichen?
- Wie würden Sie mir empfehlen vorzugehen?
- Darf ich mich auf Sie beziehen, wenn ich dort anrufe?
  Usw.

### Schritt 4: Empfehlungsadressen telefonisch nachfassen

Wenn Sie einen oder mehrere Namen erhalten haben, fassen Sie diese zeitnah nach. Ich frage meinen Kunden immer, ob er in den nächsten Tagen oder Wochen mit den Bekannten, die er mir weiterempfohlen hat, wieder Kontakt hat. Wenn er Ja sagt, vereinbare ich mit ihm, dass ich den Neukunden erst nach diesem Kontakt anrufen werde, sodass er Gelegenheit hat, seinen Bekannten vorab über mich zu informieren. Auf diese Weise werde ich praktisch schon vorverkauft. Findet dagegen in absehbarer Zeit laut Aussage meines Kunden voraussichtlich kein Kontakt statt, rufe ich innerhalb von 14 Tagen direkt an.

Diese Nachfasstelefonate sind ziemlich einfach zu führen, da Sie leichter an der Sekretärin vorbeikommen und die Chance auf einen Termin um ein Vielfaches höher ist als bei einer reinen Kaltakquise. Ein paar Punkte sollten Sie allerdings bei Ihrem Telefonat beachten:

- Informieren Sie sich im Vorfeld so gut es geht über diesen Neukunden: durch die Informationen, die Ihnen Ihr Stammkunde gibt und durch eine Recherche im Internet auf der Website dieses Neukunden, bei Google-News, bei XING und 123.people.

- Sobald der Neukunde sich am Telefon meldet, begrüßen Sie ihn freundlich und erwähnen dann drei- bis viermal den Namen des Empfehlungsgebers. Denn Sie kennt der Neukunde nicht, den Empfehlungsgeber schon, und das baut das notwendige Vertrauen auf, das sonst bei der Kaltakquise wesentlich schwieriger aufzubauen ist.

- Machen Sie nicht gleich einen Terminvorschlag, denn der Neukunde soll sich auf keinen Fall überrumpelt fühlen. Beenden Sie den Einstieg mit einer offenen Frage wie oben demonstriert. Beißt der Neukunde an, können Sie danach einen Termin vereinbaren. Zeigt er kein Interesse, verabschieden Sie sich höflich wieder.

- Erzählen Sie in den ersten Sätzen wenig bis gar nichts von sich, Ihrem Unternehmen und Ihren Produkten, denn dafür interessiert sich der Neukunde zunächst recht wenig. Stattdessen berichten Sie über das letzte Gespräch mit dem gemeinsamen Bekannten und dass dieser Sie gebeten hat, mit dem Angerufenen einmal Kontakt aufzunehmen.

### Schritt 5: Terminbestätigung für den Neukunden

Wenn das Telefonat erfolgreich verlaufen ist und Sie einen Termin für ein Erstgespräch vereinbaren konnten, bestätigen Sie dem Neukunden den Termin noch einmal schriftlich: per Brief, Fax oder E-Mail. Ihre Vorteile dieser Bestätigung sind:

- Der Neukunde erhält Ihre Kontaktdaten und kann Sie erreichen, falls ihm etwas dazwischenkommt. Besonders bei weiten Anreisen wären solche „Leerfahrten" sehr ärgerlich.

- Terminverwechslungen werden vermieden: Der Kunde sieht den Termin noch einmal schwarz auf weiß.
- Eine sofortige Terminbestätigung lässt Sie in den Augen des Neukunden sehr professionell erscheinen.

## Schritt 6: Termin absolvieren und Info an den Empfehlungsgeber

Als nächster Schritt findet der Terminbesuch bei dem Neukunden statt. Egal ob dieser erfolgreich verlief und zu einem Auftrag führte oder nicht, in jedem Falle sollten Sie danach Ihrem Empfehlungsgeber ein kurzes Feedback über das Ergebnis geben – telefonisch oder per E-Mail. Wenn der Termin erfolgreich war, freut er sich über Ihr Dankeschön. Führte er (noch) nicht zu einem Erstauftrag, wird er vielleicht selbst noch mal Kontakt mit seinem Bekannten aufnehmen.

Ein weiterer möglicher Effekt dieser Vorgehensweise ist, dass Ihr Stammkunde Ihnen bei der Gelegenheit manchmal noch weitere Empfehlungsadressen gibt.

Wenn die Empfehlung erfolgreich war und zu einem Neukunden geführt hat, ist es durchaus angemessen, wenn Sie sich auch mit einem kleinen Geschenk bei Ihrem Stammkunden dafür bedanken. Das kann ein gutes Buch oder Hörbuch sein, eine Freikarte für ein Musical, ein Markenkugelschreiber mit Namensgravur etc. Von Bargeld-Geschenken würde ich aber zumindest im B2B-Bereich dringend abraten, weil dies als Bestechung aufgefasst werden könnte.

### Schritt 7: Dokumentation

Zum Schluss dokumentieren Sie alles am besten mithilfe einer professionellen CRM-Software: Sie vermerken bei Ihrem Bestandskundeneintrag, welche Empfehlungen er Ihnen gegeben hat, und legen für die kontaktierten Neukunden entsprechende Neueinträge an.

*Von allen Strategien zur Neukunden-Gewinnung ist das Empfehlungsmarketing die leichteste und effektivste. Für die erfolgreiche Anwendung im eigenen Unternehmen braucht es nur:*

- *den Mut, möglichst alle bestehenden Kunden aktiv auf Empfehlungen anzusprechen und nicht nur auf die Mundpropaganda zu hoffen,*
- *die Überwindung der eigenen Denkblockaden durch die Einsicht, dass die Empfehlungsstrategie für alle Beteiligten vorteilhaft ist.*

**30 MINUTEN**

# 5. Telefonakquise – wie sie heute funktioniert

Seit den 90er-Jahren ist das Telefonmarketing im deutschsprachigen Raum stark verbreitet. Das Telefon ist ein sehr schnelles Medium, kostet heutzutage aufgrund von Internettelefonie und Telefon-Flatrates fast nichts mehr, ermöglicht die Kontaktaufnahme zu sehr vielen Kunden in kürzester Zeit und bringt dem Verkäufer ein unmittelbares Feedback vom Kunden.

## 5.1 Professionelle Vorbereitung

Eine gute Vorbereitung macht 50 Prozent des Erfolgs aus. Diese kluge Regel gilt auch für das Telefonieren. Vorbereiten sollten Sie vor allem die Kundenadressen, Ihre Akquise-Strategie, Ihre Gesprächsziele, Ihren Gesprächsleitfaden, Ihre Verkaufsargumente, Ihre Taktik zur Überwindung der Sekretariatshürde und Ihre Reaktion auf die häufigsten Kundeneinwände.

## Vorbereitung der Kundenadressen

Um an die notwendigen Adressen zu gelangen und um weitere Informationen, zum Beispiel über die Unternehmensgröße, zu finden, stehen Ihnen zum Beispiel folgende Print- und Online-Adressverzeichnisse zur Verfügung:

**1. Printverzeichnisse:** Telefonbücher und Gelbe Seiten, Zeitungen und Zeitschriften, Adressbücher, Mitgliederverzeichnisse von Verbänden und Unternehmervereinigungen, Adresslisten der Handwerkskammern sowie der Industrie- und Handelskammern, Ausstellerverzeichnisse von Messen

**2. Onlineverzeichnisse:** Gelbe Seiten online: www.gelbeseiten.de, „Wer liefert Was?" unter www.wlw.de, www.meinestadt.de, www.klicktel.de, Bundesfirmenregister unter www.bfr.de, Hoppenstedt Firmendatenbank unter www.hoppenstedt.de (kostenpflichtig), Schober Firmenkatalog unter www.schober.com (kostenpflichtig)

## Anrufstrategien und Gesprächsziele

Wenn Sie Ihre Adressauswahl getroffen haben, wählen Sie als Nächstes Ihre Strategie. Als Strategien kommen beispielsweise die folgenden infrage:

- Sie machen (zunächst) Info-Calls, indem Sie Informationen über die Entscheidungsträger erfragen, und rufen diese dann im zweiten Schritt an.
- Sie gehen nach der Methode „Mail – Call" vor: Erst schicken Sie den Entscheidern ein Mailing, um dem

häufigen Einwand „Schicken Sie erst mal Unterlagen!" zuvorzukommen, und fassen dann telefonisch nach, indem Sie sich auf den Brief beziehen.

- Sie rufen die Entscheider direkt an und senden erst Unterlagen, wenn Interesse und Bedarf vorhanden sind. Zum Schluss fassen Sie Ihr Mailing nach. Diese Methode nennt man „Call – Mail – Call".
- Sie fassen am Telefon Angebote nach oder arbeiten Wiedervorlagen ab (= Follow-up-Calls).

Auch Ihre Gesprächsziele sollten Sie vorab festlegen:

- Sie versuchen, beim Entscheidungsträger einen Termin für ein Erstgespräch zu vereinbaren.
- Sie möchten direkt am Telefon verkaufen.
- Sie wollen Informationen bekommen, zum Beispiel zur Verkaufsunterstützung Ihres Außendienstes.
- Sie rufen nur bei Bestandskunden an, um dort weitere Aufträge zu erhalten.
- Sie möchten die Gesprächspartner einladen: zu Ihrem Messestand, zu einer Kundenveranstaltung oder zu einem Fachvortrag.

### Die Telefonstatistik

Bereiten Sie für die Akquisition eine Telefonstatistik vor (zum Beispiel mit Excel) und telefonieren Sie bitte niemals ohne, damit Ihre Ergebnisse mess- und kontrollierbar sind. Viel zu oft scheitert die Telefonakquise schlicht nur daran, weil zwar gefühlt „viele Anrufe" durchgeführt wurden, tatsächlich aber zu wenig Akquise betrieben wurde. Die Statistik legt die Zahlen jederzeit offen und verhindert, dass Sie sich selber täuschen.

So könnte Ihre Statistik aussehen:

| Anrufe | Die Zahl Ihrer Anrufe |
|---|---|
| Sekretariatskontakte | Wie oft wurden Sie mit dem Sekretariat statt direkt mit dem Entscheider verbunden? |
| Nettokontakte | Sehr wichtige Kennzahl, die besagt, wie viele Gespräche mit dem Entscheider geführt wurden. |
| Absagen | Gesprächspartner hat aktuell keinen Bedarf. |
| Infoversand/ Wieder-vorlagetermin | Wann haben Sie Infos an Interessenten versendet? Angabe des Folgetermins |
| Termine/Angebote | Alle Gespräche mit Entscheidern, die zu einem Termin oder einer Angebotserstellung geführt haben |
| Neuaufträge | Die Zahl und das Volumen der Abschlüsse, die aufgrund der Telefonakquise zustande gekommen sind |

### *Der Akquise-Trichter bei der Telefonakquise*

Der aus dem Vertriebsmanagement bekannte Akquise-Trichter visualisiert den Akquisitionsverlauf – von der ersten Aktion bis zum Abschluss (sogenannte Leadtime). Am besten zeichnen Sie Ihren Akquise-Trichter auf ein Flipchart-Blatt und kleben die Namen der potenziellen Neukunden auf kleine Haftzettel. Alle Namen landen zuerst in der obersten Trichterstufe und wandern dann Schritt für Schritt in die nächste Stufe, bis im Idealfall am Ende der Erstauftrag (Euro) steht.

**Mein Tipp:**
Versuchen Sie möglichst, sämtliche Vorbereitungshandlungen bereits im Vorfeld der eigentlichen Akquise abgeschlossen zu haben. Diese Aufgaben zwischen den einzelnen Akquisehandlungen zu erledigen, kostet Sie an den Telefontagen definitiv zu viel Zeit und bringt Sie jedes Mal wieder aus dem Akquise-Rhythmus.

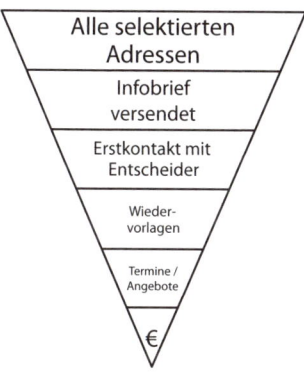

*Den Grundstein für Ihre erfolgreiche Telefonakquise legen Sie mit einer professionellen Vorbereitung: Zielgruppe bestimmen, Adressen generieren, Infos über den Entscheider sammeln, zum Beispiel über die Telefonzentrale, sowie die Telefonstrategie und Gesprächsziele festlegen.*

## 5.2 Richtiger Umgang mit Gatekeepern

Bei den meisten Unternehmen werden Sie nicht gleich beim Entscheidungsträger landen, sondern zunächst bei der Telefonzentrale und bei der Sekretärin.

### Die Telefonzentrale

Die Mitarbeiterin in der Telefonzentrale muss für Sie kein Hindernis darstellen, sondern kann im Gegenteil eine wertvolle Informationslieferantin sein, wenn Sie Folgendes beachten:

- Stellen Sie sich nur kurz mit Ihrem Namen vor. Den Firmennamen können Sie weglassen. Insbesondere nennen Sie der Zentrale nicht den Grund Ihres Anrufes. Verlangen Sie stattdessen einfach Herrn/Frau ..., wenn Ihnen der Entscheider namentlich bekannt ist.
- Wenn Sie den Entscheider für Ihr Anliegen nicht namentlich kennen, fragen Sie danach, zum Beispiel: „Wie *heißt* denn bei Ihnen der Leiter des Außendienstes?" Durch das Wörtchen „heißt" vermeiden

Sie, dass Sie sofort durchgestellt werden, ohne vorab einen Namen zu erfahren. Danach können Sie noch nach dem Vornamen fragen: „Um eine Infopost richtig zustellen zu können: Wie heißt Herr ... mit Vornamen?"

- Als Nächstes klären Sie noch, ob Ihre Zielperson eine Sekretärin hat: „Herr Hansen hat bestimmt eine Sekretärin – das ist die Frau ...?"
- Wenn der Entscheider eine Sekretärin hat, können Sie noch mutig nach seiner Durchwahl fragen: „Unter welcher Durchwahl erreiche ich ihn?"

Wenn Sie alle Infos haben, die Sie benötigen, lassen Sie sich durchstellen.

### Die Sekretärin

Weil es nicht so leicht ist, eine gut ausgebildete Sekretärin zu überwinden, sollten Sie vorher alle Möglichkeiten ausschöpfen, direkt mit dem Entscheider Kontakt aufzunehmen, zum Beispiel:

- durch Anrufe vor acht Uhr oder nachmittags ab fünf Uhr; das sind Zeiten, zu denen die Entscheider oft anzutreffen sind – die Sekretärin dagegen nicht,
- durch eine Internetrecherche, zum Beispiel über XING, um den Entscheider direkt per Mail oder telefonisch zu kontaktieren, oder
- durch einen vorab gesandten Infobrief, auf den Sie sich beziehen können.

Beim Kontakt mit der Sekretärin stehen Ihnen zwei verschiedene Strategien zur Verfügung:

1. Sie sagen der Sekretärin kurz, worum es geht und welchen Nutzen der Chef und dessen Unternehmen von Ihrem Angebot haben.
2. Sie versuchen durchgestellt zu werden, ohne der Sekretärin nähere Informationen zu geben.

Variante 1 wird von den meisten Verkäufern angewendet und hat daher leider auch nur eine kleine Erfolgsquote. Sobald Sie der Sekretärin den genauen Anrufgrund nennen, weiß diese, dass Sie etwas verkaufen wollen. Dann werden Sie wahrscheinlich – wie die meisten anderen Anrufer auch – abgeschmettert.

Erfolg versprechender ist daher Variante 2 – allerdings benötigen Sie hierfür auch mehr Mut.

Ein Beispieldialog: Nachdem die Sekretärin sich gemeldet hat, sagen Sie: „Guten Morgen, Frau Müller – ist der Peter Hansen im Hause?" Wenn er im Hause ist: „Dann verbinden Sie mich bitte mit ihm!" Die höfliche Befehlsform ist wichtig, um die Sekretärin zum Durchstellen zu bewegen. Außerdem suggeriert die Nennung von Vor- und Nachnamen des Entscheiders, dass Sie ihn persönlich kennen.

„Worum geht es denn bitte?" Mit dieser Frage müssen Sie rechnen. Egal was Sie jetzt sagen, Sie brauchen eine schlagfertige Erwiderung, der Sie gleich wieder die Aufforderung folgen lassen, mit dem Chef verbunden zu werden: „Es geht um eine persönliche Terminvereinbarung auf Geschäftsleitungsebene./Es geht um das Verkaufsmanagement./Es geht um das Angebot für Herrn Hansen./Es geht um eine kurze Terminabsprache – sagen Sie ihm, dass Markus Reinke am Apparat ist, bitte verbinden Sie mich mit Herrn Hansen!"

Stellt man Sie nicht durch und will die Sekretärin den Anrufgrund ganz genau wissen, bleibt Ihnen meist nur der Übergang zu Variante 1.

*Die Telefonzentrale versorgt Sie mit allen notwendigen Informationen über den Entscheider, solange Sie mit ihr kein Verkaufsgespräch führen. Bei der Sekretärin versuchen Sie eine Vertrautheit mit dem Entscheider zu suggerieren, indem Sie dessen Vor- und Nachnamen nennen. Auf die Frage nach dem Anrufgrund bereiten Sie eine schlagfertige Antwort vor, verbunden mit der wiederholten Aufforderung, durchgestellt zu werden.*

## 5.3 Die Gesprächseröffnung – von Beginn an Interesse wecken

Es beruhigt Sie vielleicht zu erfahren, dass es nicht die *eine, einzig richtige* Gesprächseröffnung gibt. Tatsächlich gibt es beinahe unendlich viele Möglichkeiten, sodass Ihrer Kreativität und Experimentierfreude keine Grenzen gesetzt sind. Dennoch sollte jeder gute Gesprächseinstieg einige wesentliche Aspekte enthalten und einige ungünstige Formulierungen vermeiden.

### Erfolgsregeln für Ihre individuelle Gesprächseröffnung

Bei der telefonischen Kaltakquise haben sich die folgenden Regeln besonders bewährt:

- Sie begrüßen den Kunden und stellen sich mit Ihrem Vor- und Nachnamen vor (der Vorname wirkt persönlicher).
- Sie sprechen den Kunden mit seinem Namen an.
- Während des Telefonats lächeln Sie, denn so klingt Ihre Stimme sympathischer und dynamischer.
- Nennen Sie ein paar einfache Aspekte, die der Kunde leicht bejahen kann (= Ja-Straße aufbauen).
- Danach nennen Sie kurz den Grund Ihres Anrufs. Versuchen Sie zu *interessieren*, aber nicht umfassend zu informieren. Ausnahme: Sie wollen bereits am Telefon verkaufen, dann müssen Sie alle notwendigen Informationen einschließlich der Preise offenlegen.
- Nennen Sie dem Kunden zwei bis drei Vorteile, die Ihre Produkte/Dienstleistungen ihm bringen. Denn das ist das Einzige, was einen Neukunden am Anfang interessiert.
- Nach Nennung des Nutzens unterbreiten Sie einen sofortigen Terminvorschlag oder stellen dem Kunden eine offene Frage.
- Wenn Sie einen Termin vereinbaren konnten, qualifizieren Sie diesen durch Fragen.

- Überprüfen Sie immer, ob Sie mit der Person sprechen, die über die Angelegenheit entscheiden kann!

### Don'ts für Ihren Gesprächseinstieg

Folgende Fallstricke beim Gesprächseinstieg sollten Sie
unbedingt vermeiden:

- Nur von Ihrem Unternehmen und Ihren Produkten
sprechen – ein Kunde kauft keine Produkte, sondern
nur deren Nutzen!
- Bittsteller-Formulierungen wie: „Ich möchte Ihnen
gerne einmal unser Unternehmen vorstellen." Oder:
„Ich richte mich ganz nach Ihnen."
- Unterwürfige Konjunktiv-Formulierungen wie hät-
te, könnte, würde, wäre, vor allem beim Terminvorschlag: „Wäre es möglich, dass wir mal für nächste
Woche einen Termin vereinbaren könnten?" Kon-
junktive zeugen von Angst und Unsicherheit.
Sprechen Sie im Indikativ: „Wann passt es Ihnen
nächste Woche für ein persönliches Kennenlernge-
spräch?"
- Zu viele geschlossene Fragen stellen, zum Beispiel:
„Haben Sie Interesse an ...?"/„Kennen Sie uns
schon?"/„Darf ich Ihnen mal unser Unternehmen/
unsere neuen Produkte vorstellen?"
- Eine Pause entstehen lassen, statt entweder mit einem Terminvorschlag oder einer Frage zu enden.
- Ohne Gesprächsleitfaden telefonieren: Das geht
meistens schief – es sei denn, Sie haben schon sehr
viel Übung in Akquisetelefonaten.

- Das Gesprächsziel – den Abschluss oder den Termin – aus den Augen verlieren.

**30** *Der Gesprächseröffnung kommt bei der Telefonakquise die entscheidende Rolle zu, weil sich in dieser Phase innerhalb weniger Sekunden entscheidet, ob der Kunde für das Anliegen interessiert werden kann und Ihnen weiter zuhört oder ob er das Gespräch wieder beendet. Der Schlüssel für jede gute Gesprächseröffnung ist: Nutzen, Nutzen und noch mal Nutzen für den Kunden.*

## 5.4 Souverän mit Einwänden umgehen

Bei der Kaltakquise werden Sie in den allermeisten Gesprächen mit Einwänden konfrontiert. Einerseits sollten Sie ein dickes Fell gegenüber Ablehnung und Kundeneinwänden entwickeln und andererseits lernen, die in Ihrer Branche üblichen Standardeinwände mit guten Argumenten zu überwinden.

### Die häufigsten Einwände

Die meisten Einwände tauchen branchenübergreifend immer wieder auf. Es lohnt sich daher, diese einmal aufzulisten und mit Kollegen und Mitarbeitern gemeinsam überzeugende Entgegnungen vorzubereiten. Die nachstehende Liste dürfte auch die meisten Einwände in Ihrer Branche abbilden:

- „Kein Interesse!"/„Kein Bedarf!"
- „Keine Zeit!"
- „Kein Geld!"/„Kein Budget!"
- „Zu teuer!"/„Konkurrenz ist günstiger!"
- „Wir haben bereits einen Lieferanten dafür!"
- „Schlechte Erfahrungen mit Produkt/Unternehmen/ Verkäufer gemacht!"
- „Schicken Sie mal Unterlagen/ein Angebot zu!"
- „Bringt für uns nichts!"
- „Wir sind mit der jetzigen Lösung zufrieden!"

### Was sind Einwände?

Zunächst sind Einwände – bildlich gesprochen – ein Hindernis auf dem Weg zum Ziel, dem Abschluss. Wenn es Ihnen gelingt, dieses Hindernis aus dem Weg zu räumen, können Sie vielfach auch erfolgreich abschließen.

Einwände sind aber auch oft Hilferufe des Kunden: Ihm fehlen noch Informationen oder Nutzenargumente, damit er Ihr Angebot annehmen kann.

In seltenen Fällen können Einwände verbale Angriffe gegen den Verkäufer, dessen Produkt oder Firma sein.

### Die beiden Einwandarten

Mit zwei Hauptvarianten von Einwänden müssen Sie rechnen: Mit Vorwänden und (konkreten) Einwänden. Bei den konkreten Einwänden spricht der Kunde seinen Einwand ganz offen aus, sodass Sie gleich wissen, woran Sie sind. Folgende Beispiele stellen konkrete Einwände dar:

- „Ihr Angebot liegt 150 Euro über dem Ihres Konkurrenten!"
- „Ich habe im Augenblick keine Zeit!"

Schwieriger sind dagegen die *Vorwände*, die 60 bis 70 Prozent aller Einwände ausmachen. Hier nennt der Kunde einen Grund, der wie eine Wand nur vorgeschoben wird: Der wahre Ablehnungsgrund ist dahinter verborgen. Hier müssen Sie versuchen, durch Fragen den wahren Grund zu erfahren. Das gelingt am besten mit weichen „Warum-Fragen". Weich deshalb, weil Sie das Wort „warum" dabei wegen seines aggressiven Untertons vermeiden müssen.

Beispiel: Auf den Vorwand des Kunden „Kein Interesse!" entgegnen Sie: „Danke, dass Sie gleich so offen sind. Darf ich fragen, was aus Ihrer Sicht gegen unseren Vorschlag spricht?/… aus welchen Gründen unser Angebot für Sie nicht infrage kommt?"

Klassische Vorwände sind zum Beispiel:

- „Kein Interesse!"
- „Kein Bedarf!"

### Die Einwandbehandlung

Es gibt zahlreiche Techniken zur Behandlung von Einwänden. Versuchen Sie die aggressive Energie von Einwänden immer zunächst mit weichen Verständnis-Formulierungen abzufedern, zum Beispiel mit: „Ich kann Sie gut verstehen …"/„Gut, dass Sie diesen Punkt gleich ansprechen …" Danach bringen Sie ein Argument und stellen zum Schluss dazu dem Kunden eine Frage.

Eine sehr effektive Technik zur Einwandbehandlung stellt die Bumerangtechnik dar. Mit Formulierungen wie „Gerade deshalb ..."/„Genau aus diesem Grund ..." geben Sie den Einwand praktisch wieder an den Kunden zurück.

**Ein Beispiel:**
**Kunde:** „Wir haben bereits einen Lieferanten!"
**Verkäufer:** „Davon bin ich ausgegangen, Herr Müller, viele unserer Kunden haben zunächst ähnlich reagiert wie Sie. Genau das ist der Grund, warum wir Ihnen einen Vergleich, eine Alternative mit zusätzlichen Vorteilen, anbieten möchten. Hätten Sie denn grundsätzlich die Möglichkeit, mit einem weiteren Lieferanten im Bereich ... zusammenzuarbeiten, wenn es Ihnen weitere Vorteile bringt?"

*Der Erfolg Ihrer Telefonakquise hängt von folgenden Faktoren ab:*

**30**

- *Wie gut sind Sie auf das Gespräch vorbereitet?*
- *Gelingt es Ihnen, mit der richtigen Gesprächstaktik Gatekeeper zu umgehen?*
- *Haben Sie eine kurze, zielgerichtete Gesprächseröffnung, die den Nutzen Ihrer Produkte für den Kunden betont?*
- *Haben Sie auf alle häufigen Kundeneinwände ein passendes Argument vorbereitet?*

**30 MINUTEN**

In welchen Situationen sind
Direktbesuche sinnvoll?

Wie erreiche ich einen positiven
Ersteindruck beim Kunden?

Wie beginne ich das Gespräch
optimal?

# 6. Der Direktbesuch bei Neukunden

War der persönliche, meist unangemeldete Spontanbesuch bei potenziellen Neukunden noch bis in die 80er-Jahre das hauptsächliche Akquiseinstrument für Verkäufer vieler Branchen, ist es heutzutage dank E-Mail, Fax und Telefon schon fast ungewöhnlich, wenn ein Verkäufer diese Strategie anwendet. Genau hier liegt heute Ihre Chance: Weil kaum noch ein Verkäufer Kaltbesuche macht, sondern sich regelmäßig vorher anmeldet – zumeist per Telefon –, können Sie sich mit dieser Methode von der Masse abheben. Denn: Der persönliche Direktbesuch bringt nach wie vor die besten Abschlussquoten, weil Sie mehr Überzeugungsmöglichkeiten haben als bei anderen Akquisestrategien: Ihre ganze Persönlichkeit inklusive Körpersprache, Referenzen von Stammkunden, Verkaufshilfen und das Produkt selber.

## 6.1 Wann sich Direktbesuche für Sie lohnen

Sieht man einmal von Spezialbranchen, zum Beispiel Ärzte, Rechtsanwälte, Steuerberater etc., ab, können Sie den Direktbesuch in fast allen Branchen praktizieren. Bei dieser Akquisemethode stellen sich Ihnen auch nicht die rechtlichen Probleme wie zum Beispiel bei der Telefonakquise, mit der Folge, dass Sie mit Kaltbesuchen sogar Privatkunden akquirieren können. Direktkontakte lohnen sich vor allem, wenn eine oder mehrere der folgenden Situationen auf Sie zutreffen:

- Sie haben auch oder ausschließlich Privatkunden als Zielgruppe und dürfen diese bekanntlich nicht per Telefon akquirieren.
- Das Telefon liegt Ihnen persönlich als Akquiseinstrument nicht und Mailings haben sich für Ihren Bereich als nicht sehr wirkungsvoll erwiesen.
- Sie haben einen Termin bei einem Kunden und in der unmittelbaren Nachbarschaft oder im gleichen Bürogebäude entdecken Sie weitere Firmen, die zu Ihrer Zielgruppe passen. Was liegt näher, als dort mal eben vorzusprechen?
- Sie haben zwischen zwei Terminen noch viel Luft und können diese Zeit wunderbar mit Spontanbesuchen füllen.
- Sie wissen, dass Sie im persönlichen Gespräch sehr überzeugend sind, sodass Kaltbesuche perfekt zu Ihrer persönlichen Stärke passen.

- Sie wissen, dass Ihre Mitbewerber ausschließlich per Telefon oder Mailing akquirieren, und stoßen in diese Lücke – wohl wissend, dass Ihre Mitbewerber dann oft unfreiwillig für Sie Werbung machen.
- Ihre Kunden liegen regional eng beisammen, idealerweise in derselben Stadt. Kaltbesuche lohnen sich nicht, wenn Sie zum nächsten Neukunden 50 Kilometer oder mehr fahren müssen.

*Direktbesuche lohnen sich für fast alle Branchen. Sie werden heute selten praktiziert und genau hierin liegt Ihre Chance, sich von anderen Verkäufern abzuheben. Die Abschlusschancen sind beim Direktkontakt am höchsten.*

## 6.2 Einen positiven Ersteindruck erzielen

Für den Ersteindruck gibt es bekanntermaßen keine zweite Chance. Hier erfahren Sie, wie Sie bereits in den ersten Sekunden punkten können.

### Kleider machen Leute

In Ihrer Freizeit tragen Sie bestimmt gerne lockere, bequeme Kleidung. Da geht es mir nicht anders. Doch im Geschäftsleben treten Sie mit Businesskleidung am besten auf. Das bedeutet, dass Sie sich als Mann wenigstens zwei Markenanzüge zulegen sollten, dazu passende Hemden, Krawatten und gepflegtes Schuhwerk ohne abgelaufene Sohlen. Für Frauen gilt das Genannte analog, also zum Beispiel modische Kostüme, keine Miniröcke, dezente Schminke, wenig Schmuck etc. Als Faustregel gilt zudem, dass man sich der Kundenzielgruppe anpassen sollte. Bei Banken, Versicherungen und Rechtsanwälten ist die Krawatte Pflicht, während Sie diese bei Werbeagenturen auch mal weglassen können. Wenn Ihre Kunden Handwerker oder Landwirte sind, ist dagegen schon der Anzug mit Krawatte oft unpassend.

Achten Sie auch auf angenehme Gerüche: morgens frisch geduscht und mit frischem Atem das Haus verlassen, Alkohol, Zwiebeln, Zaziki etc. meiden und für heiße Tage ein Reservehemd und einen Deo-Roller im Auto haben. Leisten Sie sich auch ein Auto mit Klimaanlage. Niemand möchte lange mit einem Verkäufer ein Gespräch führen, der stark verschwitzt riecht.

### Der typische Vertreter

Woran erkennt man den typischen Vertreter beziehungsweise Verkäufer? An seiner Verkäufermappe oder seinem Vorführ- und Musterkoffer! Wenn man mit dieser Ausrüstung bei einem Neukunden im Laden erscheint, erkennt dieser Sie sofort als jemand, der ihm etwas verkaufen will. Die Folge ist, dass Sie in die „Negativ-Schublade" gesteckt werden, denn Menschen bilden sich bereits innerhalb weniger Sekunden einen Ersteindruck von fremden Menschen. Die andere Person wird demnach in eine positive, neutrale oder negative Schublade einsortiert. Da Verkäufer oft nicht den allerbesten Ruf haben, landen sie meist in der negativen. Möchten Sie das?

Meine Empfehlung, die ich in unzähligen Kaltbesuchen im Privatkunden- und B2B-Bereich getestet habe, lautet daher: Lassen Sie Ihre übliche Verkaufsausrüstung zunächst im Auto. Sie brauchen sie nicht. Vertrauen Sie stattdessen auf Ihre Persönlichkeit. Lächeln Sie den Kunden an, wirken Sie sympathisch und bieten Sie ihm Problemlösungen und Nutzen an. Probieren Sie es aus: Sie werden feststellen, dass Sie mit dieser kleinen Änderung sehr viel freundlicher und offener von Neukunden empfangen werden. Sobald ein Kunde Interesse zeigt, sagen Sie einfach: „Möchten Sie, dass wir einen Termin vereinbaren oder wollen Sie lieber gleich mehr zu unserem Angebot erfahren?" Will der Kunde sofort mehr Infos, holen Sie einfach die Unterlagen aus dem Wagen.

### *Kleine Geschenke erhalten die Freundschaft*

Bewährt im Erstkontakt haben sich auch kleine Geschenke für den Neukunden, die ihm einen Nutzen bieten und im unmittelbaren Zusammenhang zu Ihrem Produkt stehen. Beispielsweise können Sie Neukunden einen Gutschein anbieten für eine kostenlose Beratung oder einen Sicherheitscheck. Oder eine Probepackung Ihres Produktes, damit der Kunde dieses erst einmal in Ruhe ausprobieren kann. Oder eine Einladungskarte zu einer Kundenveranstaltung mit Kaffee und Kuchen, bei der Sie dann Ihre Produkte gleich einer ganzen Anzahl potenzieller Kunden vorstellen: Beliebt sind hier zum Beispiel Vortragsveranstaltungen mit einem ansprechenden Rahmenprogramm und einer anziehenden Location, die sich an Unternehmen einer ganz bestimmten Branche richten.

*Kleidung und Äußeres sind beim Erstkontakt sehr wichtig. Achten Sie daher auf eine zur Zielgruppe passende Businesskleidung – im Zweifel lieber etwas konservativer. Treten Sie dem Neukunden zunächst „unbewaffnet", also ohne Vertretermappe, gegenüber, dadurch steigt seine Gesprächsbereitschaft. Überlegen Sie, wie Sie dem Kunden eine kleine Freude machen können, die mit Ihrem Produkt in Zusammenhang steht.*

## 6.3 Der überzeugende Gesprächseinstieg

Ähnlich wie bei der Telefonakquise haben Sie auch beim Kaltbesuch eine große Auswahl an möglichen Gesprächseröffnungen. Beim Direktbesuch haben Sie zusätzlich den Vorteil, dass hier den Einstiegsworten eine geringere Bedeutung zukommt als am Telefon, wo der Gesprächspartner nur durch Stimme und Wortwahl überzeugt werden kann.

## Die Mittel der Überzeugung beim Direktkontakt

Stimme und Wortwahl sind Instrumente der Überzeugung, die Sie natürlich auch beim persönlichen Besuch einsetzen. Darüber hinaus haben Sie beim Direktkontakt mit dem Kunden Auge in Auge noch weitere Überzeugungsmittel:

- Ihre Körpersprache und Ihre Mimik: Lächeln, selbstbewusste, aufrechte Körperhaltung, fester Händedruck
- Ihre persönliche Ausstrahlung: Ihr Äußeres, Ihre Kleidung, Ihr sympathisches Auftreten
- Ihre verbale Kommunikationsfähigkeit: Anwendung der Frage- und Zuhörtechnik
- Verkaufshilfen zur Präsentation: Einsatz von Laptop, Vorführmaterialien etc.
- Vertrauensbildung beim Kunden: zum Beispiel durch den Einsatz von Verkaufshilfen wie Visitenkarte, Statistiken, Wirtschaftlichkeitsberechnungen, Referenzen zufriedener Kunden etc.

## Tipps für den wirkungsvollen Gesprächseinstieg

Folgende Punkte helfen Ihnen, einen überzeugenden Erstkontakt herzustellen:

- Reichen Sie dem Pförtner oder der Empfangsdame gleich Ihre Visitenkarte und bitten Sie darum, dass Sie beim Entscheidungsträger mit Ihrem Anliegen angemeldet werden. Fragt man Sie, ob Sie einen Termin haben, sagen Sie einfach: „Genau wegen der Termin-

vereinbarung bin ich gekommen. Sagen Sie Herrn …
bitte, dass Markus Reinke hier auf ihn wartet."

- In den ersten Sekunden ist der Gesprächsinhalt relativ unwichtig. Achten Sie mehr auf eine selbstbewusste Körpersprache: Lächeln, aufrechte Haltung, auf den Gesprächspartner zugehen, Blickkontakt und fester Händedruck. Sprechen Sie den Kunden mit Namen an und reichen Sie ihm gleich mit der Begrüßung Ihre Karte. Ihre Verkaufsmappe bleibt im Auto.

- Beschreiben Sie eine aktuelle Situation der Kundenbranche oder ein häufiges Problem vieler Unternehmen dieser Branche oder dieser Größe. Dann stellen Sie sich selbst beziehungsweise Ihr Unternehmen als Spezialist für diese Branche vor, der das genannte Problem lösen kann.

- Bis hierhin sollte alles – die Begrüßung, die Problemsituationsbeschreibung, Ihre Spezialisierung auf diese Branche oder diese Problemlösung – maximal eine Minute oder ein paar Sätze dauern. Dann beziehen Sie den Kunden aktiv in das Gespräch mit ein, indem Sie ihm eine offene Frage stellen. Lernen Sie die ersten drei bis vier Sätze einschließlich der Frage auswendig, damit Sie ganz sicher wirken. Ergänzen Sie gegebenenfalls weitere sinnvolle Fragen, die den Kunden zum Sprechen bringen.

- Wenn Sie nach Ihren Fragen merken, dass der Kunde interessiert wirkt, fragen Sie ihn, ob er einen Termin für ein ausführliches Gespräch vereinbaren oder lieber gleich beraten werden möchte. Wünscht er eine sofortige Beratung, holen Sie Ihre Verkaufsunterlagen aus dem Auto. Möchte er lieber einen Termin vereinbaren, sollten Sie ihn durch kluge Fragen so weit qualifiziert haben, dass Sie einschätzen können, ob Bedarf und Potenzial für Ihre Produkte vorhanden ist und Sie auch mit dem (alleinigen) Entscheider gesprochen haben.

### *Ein Beispieldialog*

Das folgende Beispiel habe ich als Verkäufer für Print- und Online-Werbung vielfach erprobt. Passen Sie den Dialog einfach an Ihre Branche an.

**Verkäufer:** „Guten Morgen, Herr Kaumanns, mein Name ist Bernd Schneider vom Stadtanzeiger." Der Verkäufer reicht dem Kunden die Visitenkarte.

**Kunde:** „Guten Morgen. Was kann ich für Sie tun?"

**Verkäufer:** „Ich betreue hier in Köln für den Stadtanzeiger die Handwerksbetriebe in Sachen Werbung und Neukunden-Gewinnung. Für viele Handwerker ist das Thema „Neukunden-Gewinnung" sehr wichtig, um das ganze Jahr über gut ausgelastet zu sein. Deswegen setzen die meisten Handwerksbetriebe neben der Mundpropaganda auf effektive Werbeträger, die vor Ort bekannt sind und die von vielen potenziellen Kunden genutzt werden. Welche Werbeträger setzen Sie zurzeit ein, um neue Kunden zu gewinnen, Herr Kaumanns?"

**Kunde:** „Wir stehen im Branchenbuch und haben unsere Autos mit Werbung beschriftet. Demnächst kommt auch noch unsere Internetseite dazu."

**Verkäufer:** „Ja, das hört sich doch für mich so an, als ob Ihnen der Bereich „Neukunden" wichtig ist und Sie sich auch schon einige Gedanken dazu gemacht haben. Können Sie denn aktuell noch neue Kunden gebrauchen?"

**Kunde:** „Na klar, wer nicht?"

**Verkäufer:** „Dann möchte ich Ihnen gerne einmal zeigen, was wir uns beim Stadtanzeiger überlegt haben, wie speziell die Handwerksbetriebe hier vor Ort mehr Kunden gewinnen können. Die Frage ist: Sollen wir extra einen Termin vereinbaren oder haben Sie jetzt gerade ein paar Minuten Zeit?"

**Kunde:** „Maximal 45 Minuten habe ich noch Zeit, bevor ich zum nächsten Kundentermin raus muss."

**Verkäufer:** „Prima, das passt. Wo können wir uns einen Moment hinsetzen?"

**Kunde:** „Gleich hier vorne – in meinem Büro."

**Verkäufer:** „Gut, dann gehe ich kurz noch die Unterlagen aus dem Wagen holen und dann kann ich Ihnen alles ganz genau zeigen."

Usw.

Der Gesprächseinstieg variiert auch je nach gewählter Variante für den Direktkontakt. Folgende Hauptvarianten kommen infrage:

- Kaltbesuche bei Bestandskunden (für Anfänger in dieser Methode gut geeignet)
- Kaltbesuche bei Privathaushalten
- Kaltbesuche bei Firmen
- Spontanbesuche bei Messeständen von Firmen
- Direktkontakte bei Networkingveranstaltungen

*Direktkontakte sind ein Akquiseinstrument mit hoher Abschlusschance, wenn Sie:*

- *für den positiven Ersteindruck zunächst auf Vertretermappe und Verkaufshilfen verzichten,*
- *durch persönliche Ausstrahlung und Freundlichkeit punkten,*
- *sich als Spezialist für die Kundenbranche ausweisen beziehungsweise als Problemlöser für häufige Problemsituationen.*

**30**

# Fast Reader

## 1. Erfolgsfaktoren für die Neukunden-Gewinnung

*Fachwissen, verkäuferische Fähigkeiten und persönliche Einstellung sind die kritischen (Erfolgs-) Faktoren der Neukunden-Gewinnung. Am wichtigsten ist Ihre innere Einstellung. Jeder ist frei, zu wählen, ob er eine positive oder negative Sichtweise einnimmt.*

*Verkäuferische Fähigkeiten werden uns nicht in die Wiege gelegt, aber wir können uns diese systematisch aneignen.*

**Erfolg in der Neukunden-Gewinnung ist kein Hexenwerk, sondern systematisch planbar. Achten Sie zu diesem Zweck vor allem auf:**

- **eine positive Einstellung zur Akquise,**
- **ständige persönliche Weiterbildung,**
- **den individuell passenden Methoden-Mix.**

## 2. Mailings – Kunden per Post gewinnen

*Mailings sind eine preiswerte Alternative zu teuren Außendienstbesuchen. Sie können sehr erfolgreich sein, wenn Sie es richtig machen. Starten Sie daher mit kleinen Test-Mailings.*

*Der Erfolg einer Mailingaktion hängt von vielen Faktoren ab, insbesondere von der dialogorientierten Gestaltung des Werbebriefs, dem Einsatz von positiven Verstärkern und der Vermeidung von negativen Filtern.*

***Voraussetzungen erfolgreicher Mailings sind:***

**30**

- ***eine professionelle Vorbereitung, Durchführung und Nachbearbeitung,***
- ***ein klar erkennbarer Kundenvorteil,***
- ***eine Responsemöglichkeit, zum Beispiel in Form einer Antwortkarte, sollte stets Bestandteil des Mailings sein.***

## 3. Mit dem Internet zu neuen Kunden

*Die Neukundenakquise über XING erfolgt in nur drei Schritten: anmelden, Profil vollständig anlegen und selektierte Kontakte direkt oder indirekt über einen gemeinsamen Kontakt kontaktieren.*

*Der Schlüssel zum Erfolg liegt wie bei allen Akqui-*
*seformen in Ihrer Aktivität: Gehen Sie auf Ihre*
*künftigen Kunden zu.*

**Das Internet bietet Ihnen zahlreiche, sehr kosten-**
**günstige Möglichkeiten, Ihr Unternehmen zu prä-**
**sentieren und neue Kunden anzusprechen. Eine**
**professionelle Website und Profile in Networking-**
**Plattformen wie XING erhöhen Ihre Kontaktchan-**
**cen beträchtlich.**

## 4. Empfehlungsmarketing

*Es gibt zwei Varianten des Empfehlungsmarke-*
*tings: die passive Methode, bei der Sie Ihren Kun-*
*den mehr bieten, als diese normalerweise erwar-*
*ten, und Sie aufgrund der Begeisterung Ihrer*
*Kunden von diesen weiterempfohlen werden –*
*und die aktive Variante, bei der Sie Ihre Bestands-*
*kunden aktiv um Weiterempfehlungen bitten. Ar-*
*beiten Sie möglichst mit beiden Varianten.*
*Viele Menschen haben Angst davor, nach Empfeh-*
*lungen zu fragen, und erfinden daher allerlei lo-*
*gisch klingende Ausreden, warum sie diese Me-*
*thode nicht anwenden können. Dabei ist das*
*Schlimmste, was Ihnen passieren kann, dass Sie*
*genauso dastehen wie zuvor – nämlich ohne Emp-*
*fehlungen! Wenn Sie dagegen Ihre Angst über-*

*winden und mutig die Empfehlungsfrage stellen,
ist Ihnen der Erfolg sicher.*

**Von allen Strategien zur Neukunden-Gewinnung
ist das Empfehlungsmarketing die leichteste und
effektivste. Für die erfolgreiche Anwendung im
eigenen Unternehmen braucht es nur:**

- **den Mut, möglichst alle bestehenden Kunden
  aktiv auf Empfehlungen anzusprechen und
  nicht nur auf die Mundpropaganda zu hoffen,**
- **die Überwindung der eigenen Denkblockaden
  durch die Einsicht, dass die Empfehlungsstrategie für alle Beteiligten vorteilhaft ist.**

# 5.  Telefonakquise – wie sie heute funktioniert

*Den Grundstein für Ihre erfolgreiche Telefonakqui-
se legen Sie mit einer professionellen Vorbereitung: Zielgruppe bestimmen, Adressen generieren, Infos über den Entscheider sammeln sowie
die Telefonstrategie und Gesprächsziele festlegen.
Die Telefonzentrale versorgt Sie mit allen notwendigen Informationen über den Entscheider, solange Sie mit ihr kein Verkaufsgespräch führen. Bei
der Sekretärin versuchen Sie eine Vertrautheit mit
dem Entscheider zu suggerieren, indem Sie dessen Vor- und Nachnamen nennen. Auf die Frage*

*nach dem Anrufgrund bereiten Sie eine schlagfer-
tige Antwort vor, verbunden mit der wiederholten
Aufforderung, durchgestellt zu werden.*
*Der Gesprächseröffnung kommt bei der Telefonak-
quise die entscheidende Rolle zu. Der Schlüssel
für jede gute Gesprächseröffnung ist: Nutzen,
Nutzen und noch mal Nutzen für den Kunden.*

**Der Erfolg Ihrer Telefonakquise hängt von folgen-
den Faktoren ab:**

- **Wie gut sind Sie auf das Gespräch vorbereitet?**
- **Gelingt es Ihnen, mit der richtigen Gesprächstaktik Gatekeeper zu umgehen?**
- **Haben Sie eine kurze, zielgerichtete Gesprächseröffnung, die den Nutzen Ihrer Produkte für
den Kunden betont?**
- **Haben Sie auf alle häufigen Kundeneinwände
ein passendes Argument vorbereitet?**

## 6.  Der Direktbesuch bei
Neukunden

*Direktbesuche lohnen sich für fast alle Branchen.
Sie werden heute selten praktiziert und genau
hierin liegt Ihre Chance, sich von anderen Verkäufern abzuheben. Die Abschlusschancen sind beim
Direktkontakt am höchsten.*

Kleidung und Äußeres sind beim Erstkontakt sehr wichtig. Achten Sie daher auf eine zur Zielgruppe passende Businesskleidung – im Zweifel lieber etwas konservativer. Treten Sie dem Neukunden zunächst „unbewaffnet", also ohne Vertretermappe, gegenüber, dadurch steigt seine Gesprächsbereitschaft. Überlegen Sie, wie Sie dem Kunden eine kleine Freude machen können, die mit Ihrem Produkt in Zusammenhang steht.

**Direktkontakte sind ein Akquiseinstrument mit hoher Abschlusschance, wenn Sie:**

- **für den positiven Ersteindruck zunächst auf Vertretermappe und Verkaufshilfen verzichten,**
- **durch persönliche Ausstrahlung und Freundlichkeit punkten,**
- **sich als Spezialist für die Kundenbranche ausweisen beziehungsweise als Problemlöser für häufige Problemsituationen.**

# Der Autor

Markus I. Reinke ist Verkaufstrainer und Redner und gilt als Experte für die Neukunden-Gewinnung. Er unterstützt Unternehmen dabei, die geeigneten Neukundenstrategien zu entwickeln und die Verkaufsmitarbeiter/innen im Innen- und Außendienst in der Kommunikation mit potenziellen Neukunden fit zu machen. Er verfügt über jahrelange Verkaufserfahrung im Privatkunden- und im B2B-Bereich und wurde mehrfach für besondere Verkaufserfolge ausgezeichnet. Als Trainer gewann er 2008 den Internationalen Deutschen Trainingspreis BDVT in Silber. Seine Teilnehmer/innen und Kunden schätzen vor allem die Praxisnähe seiner Trainings und die sofort messbaren Erfolgssteigerungen im Verkauf. Der Autor ist Professional Mitglied bei der German Speakers Association (GSA e.V.).

Nähere Informationen zum Autor finden Sie unter: www.reinke-verkaufstraining.de

# Weiterführende Literatur

- Altmann, Hans Christian: Mut zu neuen Kunden. 7. Auflage. München: Redline Wirtschaft 2006.

- Bettger, Frank: Lebe begeistert und gewinne. Zürich: Oesch Verlag 1988.

- Etherington, Bob: Kaltakquise für Angsthasen. Weinheim: Wiley-VCH Verlag 2008.

- Fink, Klaus-J.: Bei Anruf Termin. 3. Auflage. Wiesbaden: Gabler Verlag 2005.

- Kartmann, Siegfried W.: Aktiv zuhören und clever fragen. Offenbach: GABAL Verlag 2005.

- Lutz, Andreas/Rumohr Joachim: XING optimal nutzen. 3. Auflage. Wien: Linde Verlag 2010.

- Rankel, Roger/Neisen, Marcus: Endlich Empfehlungen. 2. Auflage. Offenbach: GABAL Verlag 2008.

- Reinke, Markus: Der erfolgreiche Mediaberater – Ein Verkaufskurs für mehr Umsatz und Gewinn. Wiesbaden: Gabler Verlag 2009.

- Sauldie, Sanjay: Internet Marketing Leitfaden. Mannheim: SSX-Verlag für audiovisuelle Medien 2010.

- Saxer, Umberto: Bei Anruf Erfolg. 3. Auflage. München: Redline Wirtschaft 2004.

- Vögele, Siegfried: 99 Erfolgsregeln für Direktmarketing. 4. Auflage. Landsberg: Verlag Moderne Industrie 1998.

# Register